Orme.

INTRODUCTION

Lorsqu'il habitait ce monde, le *Docteur au village* y avait beaucoup d'amis : et nous constatons avec une douce fierté qu'il en a laissé parmi nous. Le premier volume des entretiens publiés sous son nom a été si favorablement accueilli, les conseils que le Docteur a donnés sur l'hygiène ont paru si profitables aux familles, que nous avons entrepris de résumer, sous la même forme, quelques brèves esquisses de Botanique.

Ce petit livre, pas plus que son aîné, ne sera un livre de science. Nous savons avec quel respect il convient de parler de la nature quand on en ignore les mystères ; et le désir de vulgariser les habitudes d'observation, le goût des promenades champêtres et des recherches naïves, nous a seul guidée.

D'autres viendront réaliser la tâche, assez belle

LE DOCTEUR
AU
VILLAGE

ENTRETIENS FAMILIERS

SUR LA BOTANIQUE

PAR

Mme HIPPOLYTE MEUNIER

Je conçois aisément un soleil sans terre,
mais non une terre sans soleil.
(BERNARDIN DE SAINT-PIERRE).

PARIS
LIBRAIRIE HACHETTE ET Cie
BOULEVARD SAINT-GERMAIN, 79

1870
Droits de propriété et de traduction réservés.

LE DOCTEUR

AU VILLAGE

ENTRETIENS FAMILIERS

SUR LA BOTANIQUE

pour tenter ceux qui savent, trop lourde — il nous
est facile de l'avouer — pour une plume inexpé-
rimentée, et compléter un véritable enseignement. Certes par la lecture des feuillets qui vont
suivre le nombre des botanistes ne sera point
accru ! mais plus d'une touffe de « foin fleuri, »
comme disait le Docteur au retour de ses herbo-
risations, aura été ramassée, étudiée, rapportée
au logis ! Les enfants parleront le soir avec leurs
mères de la récolte du matin : ils voudront re-
prendre le lendemain au petit jour la boîte sus-
pendue au mur, et s'en iront dans l'herbe humide,
aspirant les senteurs nouvelles, au-devant d'un
plaisir nouveau !

Qu'ils le sachent ou qu'ils l'ignorent, c'est à
leur santé physique et morale que nous songeons
en les appelant au grand air des champs. Le
Docteur aimait ces promenades matinales; nul
plus que lui n'a salué avec amour, au soleil
levant, le retour de la lumière sur le monde en-
dormi !...

D'ailleurs, qui devra s'intéresser à la nature, au
miracle permanent de la création, si ce n'est
celui qui cultive la terre, celui qui assiste d'heure
en heure à l'éternel renouvellement, à la jeunesse

éternelle de la végétation ? Pourquoi germe le grain semé ? Pourquoi s'élance l'arbre ? Pourquoi s'épanouit la fleur ? Tout se modifie, se transforme autour de nous, et en nous : d'où viennent ces transformations ? Quelle puissance amène et prépare la scène immense du développement des espèces ? La dispersion des végétaux, leur station géographique, ne cause-t-elle pas celle des animaux, et la richesse des peuples ? — Voilà des questions, ce nous semble, qui doivent préoccuper l'esprit du travailleur ; et le lecteur de nos bibliothèques populaires, en puisant le dimanche dans l'armoire commune, pourrait aborder des notions élémentaires, présentées sous une forme simple. A défaut de la conférence, une leçon écrite peut avoir son utilité : car pour étudier les phénomènes, est-il donc indispensable de rester enfermés dans les murs d'une école, sur les bancs d'un lycée ? de suivre les cours faits dans les villes par nos savants professeurs ? Et les populations privées de ces beaux enseignements resteront-elles toujours indifférentes à la merveille qui s'accomplit sous leurs yeux, de la montagne à la plaine ?

Tel a donc été notre but : utiliser cette classe

ouverte et libre, où la page est une prairie, où la
leçon est une fleur, où le devoir est un fruit
mûr ; y convier tous ceux qui voudront apprendre avec nous, sous le regard de Dieu, à
aimer et à bénir la nature !

Versailles, 1ᵉʳ avril 1870.

ENTRETIENS FAMILIERS
SUR LA BOTANIQUE

LIVRE PREMIER

LA GRAINE

> Les végétaux sont des êtres vivants.
> (RICHARD.)
> Chaque graine a son berceau.
> (LECOQ.)

CHAPITRE PREMIER

DANS LE BOIS

> . . . Je sens la voix de la grande nature
> Qui m'entre dans le cœur. . .
> (VICTOR HUGO.)

Un travail commencé s'achève toujours avec plaisir, et, bien que la journée ne lui eût pas semblé longue, Etienne en voyait joyeusement arriver la fin. Il remettait à leur place ses outils de charpentier, saluait dame Prudence qui apprêtait le souper, et décrochant sa veste pendue sous le hangar à quelque grosse cheville, se dirigeait vers la porte où maître Bastien travaillait encore.

— Allons! garçon, tu t'en vas! tu fais bien, lui criait le patron. Il ne faut pas que les petites sœurs attendent autour de la marmite, ou qu'elles avalent tout sans penser à toi!

— Ma place est marquée, maître Bastien, et ma soupe au chaud; soyez tranquille, ce n'est pas là ce qui m'occupe. Mais la mère aime de me voir rentrer.....

— Tu lui diras bonsoir, et tu seras ici lundi au chant du coq, n'est-il pas vrai? Songe à Barbier, qui compte sur sa herse et sur son rouleau pour ses blés! Ce qui est promis est promis : un honnête homme n'a que sa parole!

— Et ce n'est pas moi qui vous ferai manquer à la vôtre, pas plus que je n'y veux manquer moi-même. Maître Bastien, à vous revoir!

Là-dessus on se séparait. Malgré ses dix-sept ans, Etienne était plus soumis à sa mère qu'au temps où il allait à l'école, et son pas était toujours rapide pour retourner à la maison. La pauvre Ursule, restée veuve avec quatre enfants, espérait tout du courage d'Etienne, son aîné; car les trois plus jeunes ne devaient de longtemps être capables de gagner leur vie. Thérèse et Madeleine, bonnes fillettes de dix et douze ans, allaient en classe et, d'après la volonté d'Etienne, y menaient déjà leur petit frère Jean.

Ainsi tous les soins du ménage reposaient sur Ursule. Une propreté parfaite dissimulait chez elle la pauvreté; et, grâce à son aiguille, des vêtements toujours en ordre habillaient son monde dans la semaine, aussi bien que le dimanche.

Pour mettre Etienne en apprentissage, il lui avait fallu l'éloigner d'elle; le village de Blacy ne possédait pas un charron aussi habile que maître Bastien, et les quatre kilomètres de distance pour les jambes d'Etienne n'étaient pas un obstacle : à cet âge, on marche en chantant. Mais vinrent les mois d'hiver avec les mauvais chemins, et Ursule s'effraya de voir rentrer son fils à la nuit close qui, dès cinq heures, à la fin d'octobre, couvrait le bois. Elle craignait les rôdeurs de route, les rencontres de toutes sortes — et maître Bastien, qui tenait à Etienne à cause de son intelligence et de son zèle, ayant offert de le loger par extraordinaire et de le nourrir, la pauvre mère accepta avec reconnaissance un arrangement qui ne lui permettait d'embrasser son fils que le dimanche.

Etienne aussi s'était attaché à son patron. Il voulait devenir habile, apprendre à fond le métier et, qui sait? peut-être, quelque jour, succéder à maître Bastien! Rien n'est impossible avec du temps et du courage... On avait vu des entreprises plus difficiles que celle-là...

Voilà ce qu'Etienne se redisait pour la vingtième fois en quittant l'atelier. Il avait plu une

partie du jour et la boue couvrait la route; mais
ainsi qu'il arrive souvent au coucher du soleil, le
ciel s'était éclairci; et comme on était au commencement de mars, un grand vent, par rafales,
venait emporter et déchirer les nuages. Ce même
vent séchait les flaques d'eau; et bientôt Etienne,
qui suivait la chaussée, crut qu'il pourrait couper
à droite par le raccourci et pénétra dans le taillis
en prenant un sentier plus direct. Dans ce pays,
la culture du blé et de la vigne occupe le sol, —
de petites étendues de bois viennent varier la mo-
notonie du paysage et servent de remise au gibier. Les grandes forêts se trouvent plus au nord.

A cette époque de l'année, on voit clair sous
la futaie, — l'ombre viendra plus tard avec les
feuilles. On se passerait presque de sentier, sans
la crainte de changer de direction. Ceux qui
aiment le bois savent qu'il y fait bon en toute
saison et qu'on y entend mille bruits, inconnus
ailleurs.

« Tiens! pensait Etienne, voilà un terrier nouveau! — Les lapins du père Marcel ont de belles
ruses... mais il en a aussi! et je m'étonne s'il ne
les aura pas bientôt dépistés! Je gage que le merle
ne va pas tarder d'arriver... On en dénichait, des
nids, autrefois! »

Ce soupir donné à ses passe-temps d'écolier
s'adressait à un chêne magnifique, dont le tronc
gigantesque avait servi aux escalades de tous les
gamins du pays. Le bel arbre, malgré sa livrée

d'hiver, était superbe encore; et sa vaste ramure formait autour de lui une place nette et libre qui l'isolait dans le bois. En même temps qu'Etienne et par un autre sentier arrivait le vieux garde, qui faisait sa ronde avec son chien.

— Sais-tu, mon fils, dit celui-ci en répondant au salut amical du jeune homme, que tu as mal choisi de quitter la cognée de ton défunt père? et l'état de bûcheron t'aurait amené sous bois, où je te trouve souvent à l'heure de l'affût, comme un vieux chasseur.

ETIENNE. — Père Marcel, vous avez raison. On a sa fantaisie, ce qui n'empêche d'avoir son idée aussi. Rien ne me semble plus beau qu'un arbre sur ses pieds : pour lors, d'en abattre toute la journée, par état, cela ne m'irait guère! Même celui que je façonne pour le mettre en moyeu ou en brancard me donne à regretter toujours! Et je me dis qu'il en faut du temps et de la terre pour produire un pareil arbre!! et que si j'étais bûcheron, je ne saurais me résoudre à frapper dedans...

MARCEL. — Par le fait, chez un particulier, il y a des années que ce chêne-là serait abattu! mais il est devenu précieux à tous les habitants du pays; chacun lui porte amitié. Et moi qui te parle, je l'admire tout de même sans être d'ici, quand il est vert et touffu, par exemple!

ETIENNE. — Cela ne va pas tarder! D'ici deux mois, père Marcel, on aura de la peine à distin-

guer une mésange d'un pinson en haut du faîte.
Mais, à cette heure, tout y est sec comme du bois
mort!

MARCEL. — Les pluies, vois-tu, petit, les pluies
de printemps, voilà ce qui fait verdir tout rameau!

ÉTIENNE. — Pourtant, dites-moi, pleut-il assez
fort en novembre et sans faire froid non plus? D'où
vient que rien ne pousse, au contraire, quand la
saison n'y est pas?

MARCEL. — Belle question! Crois-tu pas que
les hommes puissent tout savoir? La volonté du
bon Dieu, mon fils, est un mystère et sera toujours
un mystère! En hiver le monde est noir, en été
il reprend son habit vert, — il faut cela tour à
tour pour que nous mangions, et le plus malin,
avec sa science, n'y peut rien changer, entends-tu?

ÉTIENNE. — N'importe! je voudrais connaître
la vérité des choses, le commencement et la fin!
Ce bois si dur du cœur de chêne, ces grosses
branches maîtresses qui nous font des pièces de
charpente, donnent souvent plus de peine à ma
tête qu'à mes bras. Je taille à la pince, au rabot :
— je retourne la planche, j'ajuste les montants
d'un char, et je songe au petit gland du chêne
sans lequel nous n'aurions rien à travailler : et j'ai
beau songer, père Marcel, je ne comprends jamais!

MARCEL. — Comment veux-tu comprendre, à
ton âge, ce que personne ne sait? C'est de l'orgueil, cela! Il est bon de s'humilier dans son

ignorance! Le gland est pareil aux autres graines :
il pousse quand il a de l'eau en suffisance, voilà
mon opinion!, Mais pourquoi? Je ne le sais, ma
foi! pas. Ni moi ni d'autres.

ETIENNE. — D'accord, père Marcel! Encore faut-
il qu'il soit dans la terre! comme le blé, la vesce,
ou l'avoine, ou telle graine qu'il vous plaira ; car
de pousser sur la terre nue, cela ne lui serait pas
possible... Il pourrit alors comme les feuilles tombées... Or, pourrir et pousser sont deux!

MARCEL. — Bah! il s'en ressème assez et la forêt n'est pas comme la route : elle se passe de
cantonnier. Il nous faut surveiller ceux qui la
dévalisent en même temps que les tendeurs de col-
lets et garder le bois aussi bien que le gibier, tout
ensemble. J'en conviens! mais crois-moi, garçon ;
les arbres se remplaceraient de siècle en siècle,
sans qu'on s'occupe d'eux! Ils ont trop bonne envie de prendre leur place au soleil!

ETIENNE. — Il y a des années, Marcel, que
vous rôdez comme cela jour et nuit par les bois?

MARCEL. — Des années? dis donc, mon petit,
qu'il y avait plus de trente ans quand tu es venu
au monde! et pense un peu toutes les forêts, petites ou grandes, que j'ai arpentées dans ma vie!
Un garde forestier change de poste à mesure
qu'il avance en grade, et même quelquefois sans
avancement! et Dieu sait ce que j'en ai vu de pays
quand j'étais en activité! J'avais jusqu'à trois can-
tonniers sous mes ordres.

ETIENNE. — Sans doute c'est avant de prendre votre retraite que vous avez tant voyagé?

MARCEL. — Bien entendu! J'ai débuté dans la forêt d'Ott, au-dessus de Joigny, en Bourgogne : j'y ai passé six ans. De là, ils m'ont envoyé dans la forêt d'Argonne, département des Ardennes ; et, tout d'un trait, dix ans plus tard, sur les côtes de Provence! Un fameux saut! Le gouvernement utilise ses serviteurs tant qu'ils sont bons à quelque chose! Mais me voici vieux; et MM. les propriétaires de la localité sont contents de me confier la garde de leurs chasses. C'est déjà bien assez d'ouvrage pour mes jambes!

ETIENNE. — Vous êtes heureux de connaître tant de pays! et dites un peu, Marcel, est-ce partout la même répétition? partout des arbres pareils à ceux de nos contrées du Centre? La France est grande! mais je la crois plantée d'un bout à l'autre des mêmes espèces!

MARCEL. — Tu es encore de ton village, mon petit Etienne, si tu crois cela! De certains arbres se trouvent dans toutes les vallées, je le veux bien; par ici et dans tout l'intérieur on rencontre du chêne, de l'orme, du hêtre et du tremble, des saules et des noyers, ainsi que du peuplier en masse, les uns dans les bois, les autres au bord des routes. — Mais, dans le Nord, tu verrais quantité de pins et de sapins qui sont inconnus chez nous (fig. 1).

ETIENNE. — De ces arbres toujours verts, les

Fig. 1. — Sapins.

mêmes qu'on a plantés dans notre cimetière,
Marcel?

MARCEL. — Ou approchant. Chaque pays, vois-
tu, a ses plantations variées, selon les climats,
le terrain et la hauteur des plateaux. En traversant l'Auvergne, ai-je vu des châtaigniers sur
toutes les montagnes! cela n'en finit pas! toujours du châtaignier. Et les beaux platanes que
j'ai vus du côté de Nîmes, dans le Gard! Oh! les
plus gros que j'aie jamais mesurés! Cependant
là, on peut le dire, c'est la patrie de l'olivier. Plus
de nos forêts de dix lieues de long, — des petits
arbres d'un vert grisâtre, dans le genre du saule,
qui sont en feuilles toute l'année, et qui ont une
espèce de prunelle noire, propre à faire de l'huile.

ETIENNE. — Voilà qui est particulier! Et voyons,
ces arbres si différents des nôtres ne doivent pas
se cultiver de la même manière non plus? Tout
doit être nouveau, par là, pour ceux d'ici?

MARCEL. — Oh! je t'en réponds! c'est une drôle
de culture. Ils font de l'huile avec les olives de
l'olivier, bon! — ils font de la soie avec les feuilles
du mûrier (un autre arbre), et de deux; — ils
font du vin avec la vigne, et de trois; — ils font
de la farine avec le maïs...

ETIENNE. — Oui! mais ils n'ont pas de blé!

MARCEL. — Tu te trompes, ils ont du blé! la
terre est coupée par petites bandes, et tout se
cultive à la fois. C'est très-bien arrangé pour donner de l'ombre par place, rapport à ce diable de

soleil qui grille tout, — seulement, il n'y a plus de forêts.

ETIENNE. — Marcel, n'est-ce pas bien triste un grand pays sans grands arbres ?

MARCEL. — Triste ! oh, que non pas ! il n'y a pas un pouce de terrain perdu ! Le ciel y brille toujours vif et bleu ! J'en avais mal aux yeux. Et la pluie se fait désirer des cinq et six mois, sans tomber !

ETIENNE. — Décidément ce n'est pas comme chez nous, car il pleut ici plus souvent qu'à son tour.

MARCEL. — A propos, Etienne ! annonce à ta sœur Thérèse que ma poule blanche couve, et c'est pour elle les petits poulets !

ETIENNE. — Comment, père Marcel ! vous n'y pensez pas ! La mère ne voudra point vous en priver !

MARCEL. — Qu'est-ce que tu veux que j'en fasse ? Je n'ai pas besoin d'élever des couvées pour le renard, et les filles d'Ursule en prendront soin mieux que moi, qui ne suis jamais à la maison. D'ailleurs, cela les amusera.

ETIENNE. — Allons ! au revoir, père Marcel, en vous remerciant ! Ma petite Madeleine va se récrier de joie d'avoir une belle couvée de plus !

MARCEL. — Tu lui diras qu'elle me fera manger des œufs de ses poulettes l'an prochain, si je suis de ce monde encore !

CHAPITRE II

> Les alouettes font leur nid
> Dans les blés quand ils sont en herbe,
> .C'est-à-dire environ le temps
> Que tout aime et que tout pullule dans le monde.
>
> (LA FONTAINE.)

Un matin de la fin d'avril, la porte de la maison d'Ursule s'ouvrait au petit jour ; Etienne en sortait disant au revoir à sa mère et reprenait la route accoutumée. En passant devant l'école, il fut surpris de voir, à cette heure matinale, les volets de la classe ouverts tout grands.

— Déjà à vos écritures, monsieur le maître, cria-t-il par la fenêtre à l'instituteur, — et comment va la santé ?

M. KLEIN. — Ah ! c'est toi, mon ami ! tu retournes à l'atelier. Eh bien ! attends-moi, nous ferons route ensemble. — J'ai à parler à monsieur le percepteur, et c'est un plaisir de se promener à la fraîche par un si beau temps.

ETIENNE. — La journée sera chaude, mais le matin, au soleil levant, on dirait la fête du monde !

M. KLEIN. — Comme les bêtes sont mieux lo-

gées que les gens, ne trouves-tu pas, Etienne?
Comme, au sortir de nos maisons sombres, on
respire avec bonheur! Ah! la nature est belle et
riche, mon fils! Dieu nous comble, et si nous savions jouir de ses bienfaits...

ETIENNE. — Croyez-vous cependant, monsieur,
que les petits oiseaux, si vifs, en profitent mieux?
Ils chantent si bien! est-ce donc de joie?...

M. KLEIN. — Bien entendu! comment ne se-
raient-ils pas joyeux de la construction de leurs
nids? C'est la grande affaire pour tout ce monde
ailé; en cette saison surtout, il va y avoir des
nitées sur chaque buisson et partout dans nos
champs en herbe! — J'espère que nos leçons
à propos des destructeurs d'insectes profiteront à
nos gamins et qu'ils laisseront les œufs éclore!
Les oiseaux sont nos alliés en agriculture; nous
sommes fous de les détruire! La plupart du temps,
d'ailleurs, les hommes vivent comme s'ils étaient
fous...

ETIENNE. — Et de toute éternité dans les livres, on vante le *Roi* de la création, le Maître de
la terre! il faut croire qu'il y a du vrai, car enfin,
monsieur, l'homme gouverne tout!

M. KLEIN. — Excepté lui-même, garçon! as-tu
jamais trouvé des petits aussi mal soignés dans
leurs nids que le sont nos enfants dans les berceaux? y a-t-il une graine dans la nature dont le
fin duvet, dont l'enveloppe soyeuse ressemble au
hideux maillot des pauvres nourrissons? Si nous

savions seulement ramasser une fleurette sur la
terre, humide de rosée, l'étudier et la connaître,
elle nous donnerait mille leçons — mille ! et c'est
bien dans ce but-là que je vous enseigne à tous
un peu de botanique à l'occasion ; — mais on n'a
pas le temps ! Voilà les beaux jours, n'est-ce pas ? .
Eh bien ! tous mes écoliers décampent à qui mieux
mieux ! Les parents ont leurs foins ! et puis la
cueille des cerises ! en première ligne les volailles
à surveiller... On aime plus, je le pense, ses oies
que ses enfants !

Etienne. — Au reste, monsieur, l'ennui des
écoliers, dans la plupart des écoles, les pousse
à en sortir : ils ne demandent que cela ! les pères
y voient économie... On quitte la classe un peu
plus savant en mai qu'en octobre. — Au fond,
qu'est-ce qu'on sait ? pas grand'chose !

M. Klein. — Et comprends-tu la douleur du maître ? et comprends-tu pourquoi je vous rattrape tous
au quart de cercle ? — quand je le puis, s'entend !

Etienne. — Oh ! vous, monsieur, on ne s'ennuie
jamais de vos paroles, parce que vous ne les prenez point dans le livre ! Cela vous vient tout seul
sur la pluie, sur le beau temps ! On dirait que
vous savez tout, quoique ce soit impossible de
tout savoir ! Je crois, ma foi ! que vous feriez apprendre un verbe en pleins champs...

M. Klein. — Je m'en garderais bien, pour le
coup ! et je voudrais profiter de la page ouverte !
A-t-on vu jamais une dictée de participes aussi

intéressante que ce pré fleuri? Vois donc, mon ami, vois donc toutes ces petites fleurs si délicatement balancées! et ce ciel pur au-dessus de toutes choses! Ah! qu'il est bon de contempler ces trésors nouveaux et de remercier le Créateur à chaque réveil de la vie!

ÉTIENNE. — Pour moi, monsieur, si je savais dire ce que je sens, il ne me suffit pas de *voir* quand j'ignore! Cette vue-là me fait plus de peine que de plaisir! il me semble que j'étouffe dans le cœur! Je ne sais pas pourquoi, mais tous les retours de printemps, je me trouve chaque année plus malheureux, surtout depuis la mort de mon père! Ces feuilles qui poussent, ce monde redevenu vert, — cet air doux qui vous tient tout le corps comme dans un songe.... En partant le matin de la maison je me mets à chanter : mais tout de suite la voix me manque... Je pense à toutes ces grandeurs de Dieu; je voudrais les connaître un peu, et je ne les saurai jamais! Je voudrais seulement connaître un peu ma patrie, notre France, qui est si belle!! Je l'aime autant, d'abord, que j'aime ma mère... et comment vivre ainsi à lui manger toujours son pain, à lui moissonner toujours ses champs, sans apprendre par quel miracle tout y pousse au soleil! Convenez-en, monsieur, c'est humiliant tout de même!

M. KLEIN. — Il y en a beaucoup que cela n'humilie pas le moins du monde, et je t'en réponds, Etienne! — Mais j'approuve ton désir et je comprends ton chagrin. — Quand on s'aperçoit de son ignorance, on en souffre beaucoup ! et le moyen de se consoler, c'est d'étudier pour connaître. Personne ne sait à fond les choses de la nature, parce qu'elles sont trop vastes ; pourtant, à tes moments perdus, quand tu reviens de chez maître Bastien, il me semble que tu pourrais....

ÉTIENNE. — Oh ! ce n'est pas la volonté qui me manque, et chaque fois que j'ai un livre, je lis dedans : mais il faut du temps, premièrement, et le temps vous manque ; secondement, je ne comprends pas très-bien, il faut en convenir, et j'ai beau m'appliquer, c'est trop savant. Ainsi, monsieur le maître, le livre que vous m'avez prêté, eh bien ! le dimanche à la maison, je le lis, ce livre-là, avec plaisir ; mais voilà bien un autre embarras. Dès que ma sœur Thérèse a vu les images de la *Botanique*, elle a voulu savoir à quoi ces images se rapportent, — et dis-moi ceci ! et dis-moi cela ! Elle n'est point sotte, ni Madeleine non plus ! elles sont même très-avisées toutes les deux ; et si j'avais su leur expliquer bien des choses, elles auraient très-bien compris, — mais, va te promener ! pour se mêler de raconter la science des autres, il faut être savant soi-même apparemment ! la pauvre Thérèse en a été pour ses questions : je n'ai su par quel bout commencer les réponses.

M. KLEIN. — Pourquoi ? Rien de si simple ! il fallait commencer par le commencement. Le jardinet de ta mère contient des choux, des carottes, que tes petites sœurs épluchent pour la soupe. — Voilà le point de départ.d'une très-jolie leçon, et les légumes du pot-au-feu suffisent, sans aller bien loin. — Qu'est-ce qu'une carotte, un navet? — Une racine. — D'où vient la racine? — D'une graine. — D'où vient la graine? — D'une fleur. — Ainsi de suite! et te voilà parti à expliquer la *vie végétale.*

Etienne. — Croyez-vous donc qu'on puisse ainsi, sans mots grecs, causer des fleurs des champs avec les enfants des champs? S'il ne s'agissait que de lire à haute voix ce qu'il y a dans le livre, ce ne serait pas bien malaisé, — mais, à tout instant, elles interrompent...

M. Klein. — Eh, tant mieux! si elles font des réflexions, cela prouve que leur esprit est éveillé! Tu es d'ailleurs fort en état de raisonner toi-même. — Eh! voyons, Etienne, pour ne pas sortir des plus humbles exemples : quelle différence établiras-tu entre les limaces de ton jardin et les laitues qu'elles mangent?

Etienne. — Tout ce qui naît sur terre, m'avez-vous dit, monsieur, s'y *développe, croît* et *meurt :* on appelle cela des êtres vivants, des *corps organisés.* Et parmi ces êtres vivants, ceux qui sont privés du mouvement *volontaire* sont les plantes, autrement dit les *végétaux;* ceux qui vont au contraire où il leur plait d'aller, sont les *animaux.*

M. KLEIN. — Très-bien. Madeleine elle-même doit comprendre la définition de la *vie : naître, croître, mourir.* La durée de ce phénomène est plus ou moins limitée, par exemple. Il y a, parmi les insectes, de certains animaux qui ne vivent qu'un jour ; il y a, parmi les arbres, de certains végétaux qui vivent plusieurs siècles, plusieurs centaines d'années. Mais tout principe de vie vient d'un *œuf,* et c'est l'histoire de cet œuf qu'il faut savoir conter !

ETIENNE. — D'un œuf, monsieur ! ah bien ! voilà du nouveau si les fleurs pondent comme les poules ! vous ne nous aviez pas dit la chose comme cela, à l'école.

M. KLEIN. — Je ne plaisante pas ! La graine éclot ! la graine est un *œuf végétal,* et il le faut bien, puisqu'il en doit sortir un *être vivant !* mais « la plante ne vit ni ne meurt comme l'animal (1). » Elle a ses lois spéciales de vie. L'animal se forme graduellement ses os, ses tissus, ses organes par le sang de son corps, — de même la plante se fait à mesure par le travail de la séve, mais elle *se fait* d'une tout autre façon que l'animal !

ETIENNE. — Dans la terre, pour lors ? C'est la terre qui fait germer le grain dès qu'il y tombe, bien entendu !

M. KLEIN. — La terre ! mon ami, oui... la térre, sans nul doute ! en raison de l'eau qu'elle con-

(1) Ed. Grimard, *la Goutte de séve,* p. 330

tient, et des principes chimiques dont elle est formée. Ce petit œuf enfermé dans la graine, et que nous appellerons *cellule végétale*, se détermine à croître, à pousser, comme on dit, sous l'influence de certaines conditions de *chaleur, d'humidité...* Tu le sais aussi bien que moi, le blé ne pousse pas par tous les temps! Etienne, et si on l'enfouissait trop profondément, il ne pousserait pas du tout!

ETIENNE: — Monsieur Klein, a-t-on trouvé pourquoi le blé pousse, et pourquoi il pousse bien ou mal? Les savants, qui s'occupent si souvent de chercher midi à quatorze heures sur toutes ces plantes tropicales de mon livre, rendraient un grand service à l'agriculture si, en première ligne, ils traçaient l'histoire de nos moissons!

M. KLEIN. — C'est en effet leur premier soin! Nos professeurs des grandes villes étudient la nature du sol dans les différents pays, la composition des engrais, et la distribution intelligente et progressive des plantes utiles. Malheureusement dans nos campagnes, un homme de cœur, qui cultive son bien lui-même avec courage, se croirait en faute, la plupart du temps, s'il s'attachait à apprendre la botanique et la chimie. On le traiterait de paresseux s'il parvenait à épargner sa peine par un meilleur raisonnement. — Ainsi la science acquise ne profite pas encore à tout le monde, loin de là!

ETIENNE. — Par la suite, on aimera davantage

la connaissance du vrai, et vos leçons en plein air
donnent ce goût-là, monsieur ; par malheur, elles
ne durent qu'un temps, et, pour ce qui me regarde, j'en tirerais bien plus de profit qu'à l'âge de
dix ans. Mais le travail passe avant l'étude ; il
faut bien gagner sa vie !

M. KLEIN. — Et qui t'empêche, voyons, de
faire encore l'écolier le dimanche? En semaine,
je ne dis pas ! Nos causeries sur l'*Histoire naturelle* ont lieu toujours dans le jardin d'école, rarement en promenade. Viens-y, mon fils ; nous
sommes peu nombreux, vient qui veut... les demoiselles de la classe de ma femme, et mes élèves
les plus raisonnables. On y prend goût, d'ailleurs ;
— amène-nous donc tes sœurs, si Mme Ursule
y consent.

ETIENNE. — Ma mère... va-t-elle vouloir? Le
dit-on des vieilles gens lui donne peur encore.
C'est offenser Dieu de prétendre connaître la nature, — tout pousse tout seul et malgré nous, — ne
vous en inquiétez pas et marchez votre chemin,
puisque vous n'y pouvez rien ! — Au moins, voilà
les raisons du père Marcel, et je vous demande,
monsieur, si ce sont des raisons !

M. KLEIN. — Laissons-les dire et cherchons
toujours ; si l'on ne cherche pas, on est à peu près
sûr et certain de ne rien trouver.

CHAPITRE III

COMMENT POUSSE LE BLÉ

> Dès qu'il aura cessé de croître, il aura
> cessé de vivre.
>
> (Boscowitz.)

M. KLEIN. — Aujourd'hui, mes bons amis, nous commencerons nos plantations, afin d'observer par quelle industrie une petite graine sort de terre. Donnez-moi les uns et les autres ce que que vous désirez planter : voici des fèves et des noisettes, — du chènevis et de la giroflée, — de la laitue et des radis : allons! vous n'oubliez pas le potager, ce qui est fort prudent. Pour débuter, nous pouvons étudier ce grain de blé, que nous comparerons à ce grain de haricot. Ce ne sont pas de très-grosses plantes qui doivent en sortir, — nous le savons à l'avance. Nous savons qu'une vie latente et comme endormie réside dans ces graines — qu'un grain de blé, conservé pendant des siècles, peut encore germer si on le rend à la terre (1). Je vous demande simplement si

______

(1) Des grains de seigle ont germé après cent quarante années de conservation. (Home.)

(*Éléments* de Duchartre, p. 703.)

l'un de vous, par ses observations, a établi une différence notable entre la germination du blé et celle du haricot?

Un Élève. — Je pense, monsieur, qu'on ne sème pas ces deux graines-là à la même époque de l'année.

M. Klein. — Votre réflexion est juste, Adolphe ; cependant elle ne s'applique pas à ce que je demandais. Pour végéter, pour croître, pour rentrer dans la vie, la jeune plante doit trouver au fond de la graine les éléments de sa nutrition première ; et la nature, en mère prévoyante, y a pourvu amplement! Mais elle ne sert pas la nourriture à *tous* ses enfants dans un vase de même forme. Les uns, comme le blé, l'avoine, l'orge, etc., sont enroulés dans une seule gaîne ; — les autres, de beaucoup les plus nombreux, ont deux berceaux au lieu d'un. On a inventé de nommer ces asiles primitifs de la cellule d'un nom grec fort drôle, qui signifie *écuelle* — parce qu'on mange la soupe dans une écuelle, je suppose! — et de ce mot *cotulé* on a fait *monocotylédones* pour les végétaux qui naissent et se nourrissent dans une *seule* écuelle, — et *dicotylédones* pour ceux qui se nourrissent dans deux écuelles.

Thérèse. — N'est-ce pas, monsieur le maître, quand nous dirons ces grands mots-là, ce sera un peu de grec tout de même?

M. Klein. — Hélas! ma chère fille, je voudrais bien vous parler en français tout uniment. Je ne

le puis, à mon très-vif regret! Si je me contentais
de vous désigner les « végétaux à *une* écuelle, »
vous ne pourriez jamais lire aucun livre de botanique , car tous ont enregistré les grands embranchements du règne végétal ainsi que je vous
les signale.

ÉTIENNE. — Alors, on compte en tout deux
embranchements?

M. KLEIN. — On en compte trois, mon garçon:
les *acotylédones*, qui croissent sans cotylédons et
savent s'en passer (ce sont les algues, les mousses, les champignons); les *monocotylédones*, qui en
ont *un* (blé, orge), et les *dicotylédones* (orme,
chêne, chanvre, etc.), qui en ont *deux*.

THÉRÈSE. — Et comment peut-on voir si bien
que cela ce qui se passe dans le grain qui va
pousser en herbe?

M. KLEIN. — En y regardant, parbleu! et en
ajoutant à ses yeux la force prodigieuse de ces
verres grossissants qu'on nomme microscopes (un
autre mot grec : il en faut comme cela quelques-uns). On a découvert, depuis vingt à trente
ans surtout, des merveilles dans les plantes! au
point de connaître à peu près aussi parfaitement
leur organisation que l'on connaît celle des animaux. Un germe vivant, d'abord imperceptible,
éclôt au fond de cette cellule végétale que nous
avons comparée à un œuf : il y éclôt grâce à
l'eau, à la chaleur ; et grâce aussi à une certaine
portion de l'air qui est, par toute la terre, indis-

pensable à la vie. Sans *oxygène*, la graine pourrirait — et pourrir ce n'est pas pousser.

ETIENNE. —·Hé! Je disais cela l'autre jour au père Marcel : mais je ne savais pas pourquoi, monsieur...

M. KLEIN. — A présent, tu le sauras! Il faut de l'air, de la chaleur et de l'eau pour le développement de la cellule (1), de l'eau toujours! Sans eau, pas de végétation. Témoin le désert du Sahara, où le sable à perte de vue remplace la verdure, parce qu'on n'y a point d'eau.

MADELEINE. — Mon·Dieu! dans ces pays lointains où rien ne pousse, les gens ni les bêtes n'ont rien à manger?

M. KLEIN. — C'est-à-dire que, pour ne pas mourir de faim en traversant le désert, il y faut porter sa provision avec soi. Aussi notre haricot ne se hasarde pas dans ces parages! il aime mieux notre bonne Europe fertile : et je gage que là, dans les carrés de Mme Klein, si tu cherches bien, Zoé, tu vas nous en trouver un de levé? Puisque nous sommes en train de définir la naissance du végétal et son développement, nous jugerons bien mieux sur la nature (fig. 2).

ZOÉ. — Oh! cela ne reste pas longtemps en terre, un haricot : en deux jours, on le voit qui

____

(1) Pour l'œuf animal il ne faut que de l'air et de la chaleur : tandis que pour l'œuf végétal·il faut encore de l'eau, en d'autres termes de l'eau et de l'oxygène.

(Ed. Grimard, la Goutte de séve, p. 21.)

germe. Je ne sais pas, par exemple, de quoi il vit, pour grandir si vite.

M. KLEIN. — Il fait comme toi, ma bonne, il grandit de ce qu'il mange. Le haricot, de même que la lentille, le pois, la fève, contient d'excellents aliments, très-riches en matières féculentes. — Son petit embryon, qui veut sortir de l'enveloppe, dévore rapidement ce que renferme les deux cotylédons, ces bonnes *écuelles*

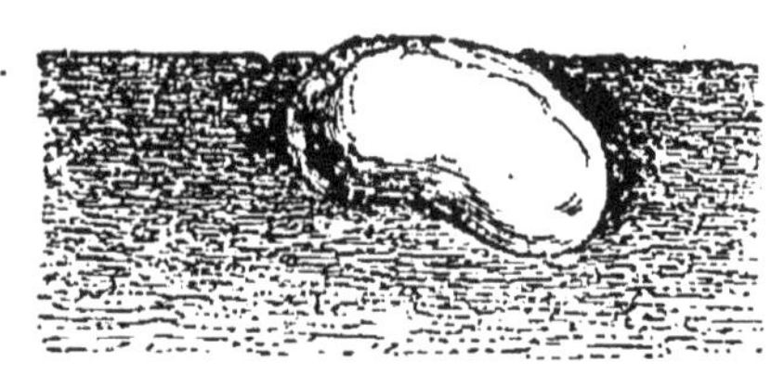

Fig. 2. — Germination d'un haricot. — La radicule apparait.

Fig. 3. — La radicule s'allonge, les cotylédons se disjoignent.

de la cellule! Alors la petite plantule qui commence à prendre de la force, allonge dans la terre sa radicule, sa racine, et dresse vers la lumière sa future tige (1). Il en est ainsi, du reste, pour tous les végétaux, qu'ils aient deux cotylédons ou qu'il n'en aient qu'un (fig. 3 et 4).

ETIENNE. — Cependant, permettez : la gaîne à

(1) Si la tige des plantes tend, dans la plupart des cas, à s'élever vers le ciel, leur racine, plus généralement encore, se dirige directement vers le centre de la terre. (Duchartre, *Progrès de la Botanique physiologique*, p. 326.)

une boîte ne doit pas s'épanouir de la même façon que celle du haricot? Jamais il ne sortira du
grain de blé autre chose qu'une tige à épi? Chaque espèce germe à sa manière, et sans se tromper, et sans se confondre? A mon sens, monsieur,

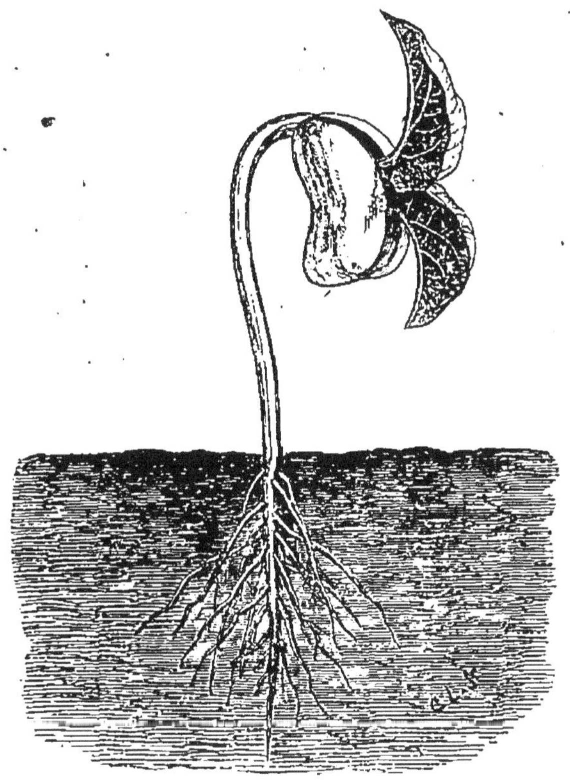

Fig. 4. — Germination d'un haricot. — La radicule est
devenue racine et s'est ramifiée. Les cotylédons sont
soulevés avec le sommet de la tigelle.

la vraie science serait de savoir pourquoi cela se
passe ainsi !

M. KLEIN. — Tu m'en demandes plus que je
n'en sais, mon fils, et peut-être plus qu'on n'en
saura de longtemps! Le blé n'a qu'un cotylédon

depuis qu'il est connu des hommes (et bien avant les hommes, sans doute!) : il se reproduit tel qu'on le sème, et la culture la plus intelligente le *modifie* sans le changer. Dans nos pays, les champs de blé sont immenses; aussi, dit-on, c'est la plante sociale par excellence; elle prouve la force de l'association — de la solidarité. En effet, les tiges les plus faibles résistent au vent lorsqu'elles sont groupées, et se courbent isolément. Et voilà longtemps qu'on cultive le blé! Dès avant Moïse et ses Juifs, chez les Egyptiens. Plus près de nous, à Rome, Pline parle d'un pied de blé du temps d'Auguste qui portait 400 tiges. — Eh bien! dans ce temps-là comme aujourd'hui, le cotylédon unique de l'épi de blé fabriquait la même fécule que nous mangeons en pain!

Thérèse. — Puisque c'est sa nature, monsieur le maître, je comprends cela! Personne en plantant un grain de blé ne s'attend à récolter des haricots à la place! Cela ne peut pas être autrement...

M. Klein. — Sans doute! nous recevons en aveugles les trésors que Dieu répand autour de nous, et nous disons tous comme tu dis, ma chère Thérèse : — cela ne peut pas *être* autrement! Dès lors, aucun de nous ne songe à s'émerveiller de ces choses si belles! — Quelques-uns même préfèrent à la nature l'impossible, le miraculeux! Ils acceptent sans respect les bontés éternelles de la création et traversent le monde sans le voir! Le

moindre brin d'herbe, pourtant, devrait être pour·
tous un sujet de reconnaissance...

ÉTIENNE. — A présent, monsieur, j'aimerai davantage la petite plante de nos blés, puisque vous
nous la montrez si travailleuse. Quatre cents
pieds ! par exemple, cela ne s'est vu qu'une fois !

M. KLEIN. — Après la fertilité du terrain, les
conditions de température, tout dépend de la
bonne ou de la mauvaise culture ; en général, le
blé le mieux nourri produit de cinquante à
soixante grains (1). Je ne suis pas botaniste, et
c'est à peine si je puis vous indiquer les plus certains résultats de la science : mais figurez-vous
un instant avec moi ce qui se passe parmi ces
plantes en nombre immense dont chaque cellule
a une vie particulière, indépendante (Schleiden) !
Songez que cette cellule « puise des aliments
liquides dans les corps qui l'environnent et compose des corps nouveaux à l'aide de procédés chimiques.... » Notre haricot que voici, dès qu'il
germe dans la terre, prépare un haricot futur,
qui devra propager l'espèce : ses cellules, du
même coup, nous préparent une nourriture excellente. — Les cellules du blé, en même temps et
dans le champ voisin, nous en font une de qualité
différente! Dans chaque racine il se passe de ces
phénomènes variés et cependant toujours les
mêmes pour chaque espèce ! Du plus petit au

____

(1) Ed. Grimard, *la Plante*, t. II, p. 535.

plus grand, tout végétal tire de sa cellule *primitive* le développement qui le complète !

ÉTIENNE. — Mais enfin, ces masses si grandes, les colosses de nos arbres, doivent commencer par un germe plus gros aussi ?

M. KLEIN. — C'est inutile ! dès lors que la cellule est douée de la faculté de produire, dans son intérieur, de *nouvelles* cellules ! Elle se multiplie par une sorte de maille, de réseau, — se charge d'une séve qu'elle durcit en bois, ou qu'elle épaissit en suc, en fécule, et dont nous faisons notre profit. Nos maisons dressant leur rude charpente, nos navires portant sous le vent des mers la mâture de leurs voiles : tout — bois, toile et cordage — est construit par la modeste cellule de ce règne végétal utilisé dans l'univers.

ÉTIENNE. — A combien de choses on ne songe pourtant point, monsieur ! Le chanvre qui fait nos chemises et nos blouses ! il vient d'une graine encore... et jusqu'à la paille de nos chapeaux ! car c'est le même blé qui se mange et qui se tresse !

M. KLEIN. — Si tu veux raconter ce que la plante fait pour l'homme, garçon, nous en écrirons un gros livre ! Sache d'abord qu'elle nous sera mille fois plus utile quand nous étudierons à fond sa substance si variée ! Deviens chimiste toi-même et tu comprendras quelle force puise dans la terre le gland du chêne, — quel principe *différent* développe, dans la même terre, la racine de la betterave! — comment toute industrie, tout commerce résulte pour nous des richesses naturelles du sol; et que notre plus grande sagesse, notre plus direct intérêt devrait être d'étudier la nature profonde de chaque végétal en particulier!

ÉTIENNE. — On ne peut pas, monsieur, par malheur! il faudrait trop de temps pour chercher dans la terre chaque plante une à une et suivre son développement! Et puis, du reste, dès qu'on a quitté l'école, on oublie pour l'ordinaire ce qu'on y a appris : — de toute la petite science de l'enfant il ne reste rien, et c'est toujours à recommencer!

M. KLEIN. — Ah! doucement, mon ami! j'admets ton raisonnement et je le reconnais juste, avec regret, pour une foule de professions des villes. Le jeune homme qui sort de classe pour entrer dans un comptoir où il débite des étoffes et des épiceries a bien des motifs, vers l'âge de cinquante ans, de ne plus se rappeler nos leçons; au contraire, le garçon de nos fermes qui manie l'épieu d'une charrue, qui herse et qui fume, qui sème et qui moissonne, celui-là n'a pas d'excuse pour négliger ce qui fait la base même de son industrie. Ainsi, par exemple, je vous donne à tous ce matin une méthode pour comprendre la germination du blé : je vous démontre sa radicule et sa tigelle à leurs degrés divers de croissance. — Vous n'aurez jamais besoin, comme ceux des villes, de la gravure que voilà, (fig. 5), puisque la terre, sous votre talon, contiendra des

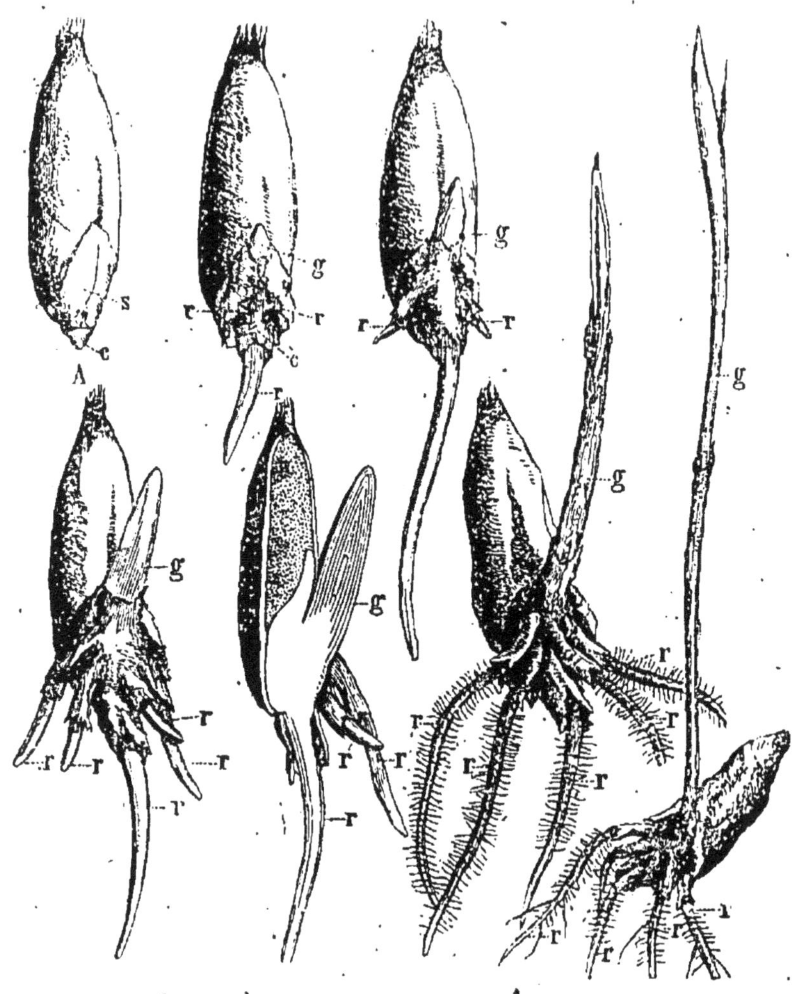

Fig. 5. — Germination du blé. — A, fruit ou graine de blé ; la lettre g indique les différents états de la gemmule (ou tigelle); la lettre r, les états de plus en plus avancés des racines.

germes tout pareils à chaque saison nouvelle ! Vous n'aurez qu'à vous baisser pour y regarder vous-mêmes et voir si vous avez été bien renseignés à l'école.

MADELEINE. — Dites un peu, monsieur ! il y en a tant et tant d'autres.... le blé ! ce n'est pas tout ! nous avons les petites herbes, et nous avons les grands arbres, — et puis les fleurs qui sont belles et celles qu'on ne voit guère sous les feuilles, par terre. Tout le monde immense ne pousse sans doute pas de la même manière ; et, comme dit Étienne, on devrait chercher leur différence de germes ! C'est beau de les voir, mais ce qui doit être le plus curieux, c'est ce qu'on ne voit pas !

M. KLEIN. — Tu as mille fois raison, ma chère enfant, il se passe sous terre de grandes merveilles, — nous y regarderons de plus près un autre jour. Ce matin, notre jardinage est achevé et voici l'heure de rentrer en classe. La prochaine fois nous étudierons les *racines* des plantes et les températures souterraines qu'elles peuvent supporter (1) ; — leurs formes si variées, leur lutte constante ; — enfin tout ce qui prépare le végétal complet (fig. 6).

(1) Dans ses belles *Etudes sur la Géographie botanique de l'Europe*, M. Henri Lecoq dit : « J'ai vu le thermomètre « placé dans la pouzzolane du Puy-Noir, près de Randanne. « s'élever à 63° sous l'action d'un soleil ardent. Une belle « végétation cachait, çà et là, ces sables volcaniques. »

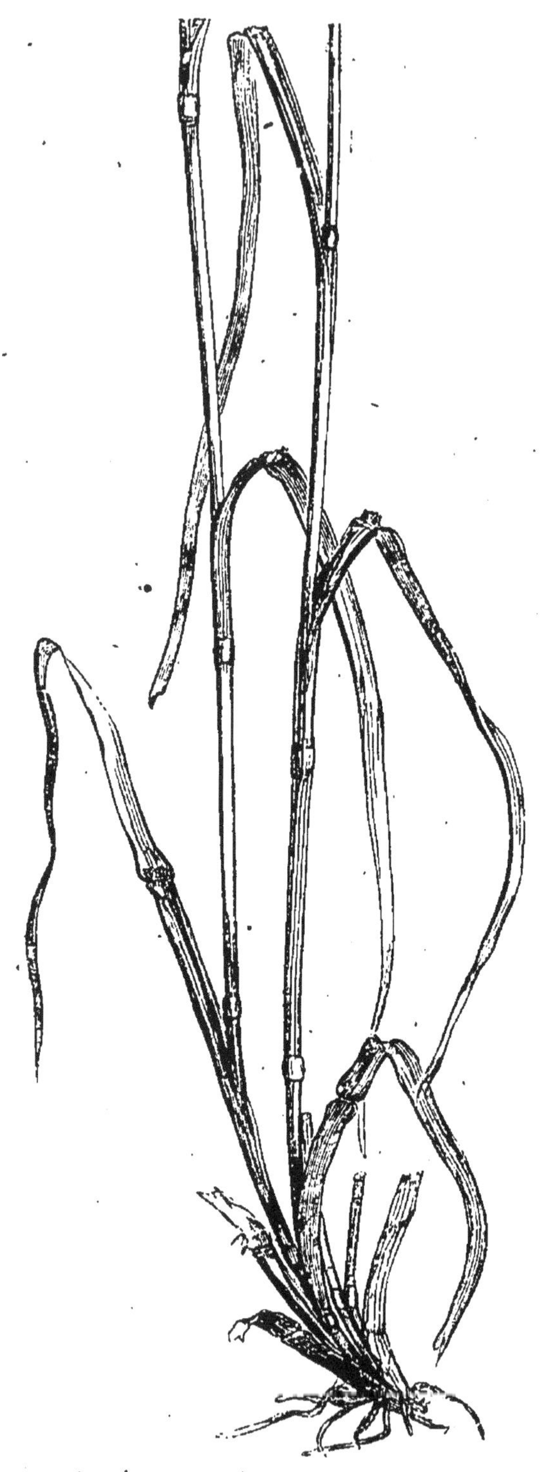

Fig. 6. — Chaume de seigle.

CHAPITRE IV

SOUS TERRE RENAIT LA VIE

Il se faut s'entr'aider, c'est la loi de nature
(LA FONTAINE.)

M. KLEIN. — Tu as déjà déraciné plusieurs fois ton haricot? Si tu le tourmentes ainsi, ma petite Thérèse, tu l'empêcheras de lever.

THÉRÈSE. — Puisque la terre est épaisse, cela n'est pas commode pour savoir ce qu'il devient; et puis, j'ai voulu lui mettre la tète en bas pour me rendre compte de ce qu'il ferait. Est-ce drôle, monsieur! il se retourne toujours! Les herbes n'ont cependant pas d'idées!

M. KLEIN. — Oh! oh! elles ont quelque chose de bien plus fort encore que la volonté, c'est la loi de nature qui est en elles et dont rien ne les détourne. Il est impossible de tromper la plante, et vous l'essayez en vain, mes enfants. La tige aérienne qui sort des cotylédons s'élève avec passion vers la lumière, — la tige souterraine plonge avec obstination vers l'obscurité. Pour la plante, cesser de croître, c'est cesser de vivre (Boscowitz), et cette double action s'exécute *simultané-*

ment. — En outre, la plante respire et mange (Hales); elle cherche sa nourriture et la choisit. Sa tige monte dans l'air pour y respirer : et sa racine enfonce dans le sol pour y manger. — Voilà pourquoi Thérèse ne peut pas retourner son haricot, — il n'obéit qu'à la nature.

ÉTIENNE. — Enfin, monsieur, c'est particulier; toutes les choses que vous nous contez, on les sait de reste! Cela vous crève les yeux toute la journée. — A-t-on jamais vu des arbres pousser la racine en l'air! — et pourtant, il n'importe : ces vérités si hautes me semblent très-nouvelles!

M. KLEIN. — Patience! tu es trop pressé! les surprises viendront à mesure, chaque chose à son tour. D'ailleurs, je né vous ai point promis des contes, mais la simple histoire de la vérité.

ÉTIENNE. — On voudrait tout savoir!! Par exemple, les plantes ne vivent pas de l'air du temps, c'est tout clair. Il faut qu'elles mangent, cela se comprend! Vous nous dites qu'elles *choisissent* leur nourriture, — et comment peuvent-elles, monsieur, prendre dans la terre ce qui n'y est pas, s'il vous plaît?

M. KLEIN. — Eh mais, tu te trompes, mon ami; les végétaux vivent parfaitement *de l'air du temps,* par leurs tiges et par leurs feuilles (en cela, du reste, ils font comme nous). Et quant à leur alimentation, leur *nutrition,* elle s'opère au moyen de ces racines voraces que nous les voyons plonger dans le sol. Tout ce qui est vivant est actif,

— et la vie de la racine, particulièrement, est active. On a comparé la racine à un vaste suçoir (1). Elle travaille, elle pompe, elle avance sans repos ni trêve. Chargée de puiser l'*eau*, le *phosphore* et le *soufre*, elle les cherche incessamment dans la terre, et les y cherche si bien, qu'elle les y trouve (2).

ÉTIENNE. — Du soufre et du phosphore, monsieur : comment ! ce qui nous sert à fabriquer des allumettes ?

M. KLEIN. — Exactement ! mon brave enfant ; car les principes chimiques répandus dans la nature se retrouvent partout *identiques*, c'est-à-dire semblables, en ce monde. En constatant leur présence, nous devons noter leur utilité, plus ou moins impérieuse ; — mais l'influence du terrain est *d'abord* absolument nulle dans l'acte de la germination. Notre petite cellule n'a besoin, au début, que de chaleur, d'air et d'eau : nous l'avons appris. Plus tard, quand la racine s'allonge, elle va dévorer pour grandir. Ah ! c'est alors qu'elle exige une bonne table, préparée pour son appétit ! Et celle qui aime tel ou tel principe chimique doit le retrouver dans la terre, ou sinon....

MADELEINE. — Est-ce donc pour cela, monsieur, qu'on fume nos champs par avance ?

(1) Ohlert et Link.

(2) L'action des racines s'exerce particulièrement sur l'eau contenue dans le sol, le plus souvent à l'état de simple humidité. Cette eau n'est jamais pure...

(Decaisne, Traité d'horticulture, p. 143.)

M. KLEIN. — C'est pour préparer convenable-
ment la culture de la terre que nous devrions
être tous très-instruits.

MADELEINE. — Mais toutes les plantes n'ont
pas le même appétit, j'imagine?

M. KLEIN. — Ah! je t'en réponds! Chacune
mange suivant sa fantaisie, ou plutôt selon son
besoin. Elles sont très-savantes, les plantes ; elles
savent bien qu'il faut manger pour vivre; et la
plus petite de nos herbes folles a plus d'esprit que
nos belles dames des villes, qui s'amusent à gri-
gnoter des croquignoles au lieu de bon pain ! Oh!
il n'y a pas de pâtissiers chez les plantes ! — Si
on me disait qu'elles ont du bon sens, je serais
tenté de le croire! Ce sont des opérations délicates que celles de leur développement, et nulle
n'y manque! et les espèces et les formes se maintiennent ! grâce à ce beau phénomène qu'on
appelle *assimilation.* En mangeant ce qu'elles
doivent manger, les racines de navets restent
éternellement en forme de *fuseau,* celles de radis en forme de *toupie ;* les oignons et les carottes
d'un même potager se gardent bien de confondre
leurs espèces, et chacune conserve, de siècle en
siècle, son aspect voulu.

THÉRÈSE. — Aussi bien, monsieur, ce n'est pas
du tout pareil un navet avec une pomme de terre !
Ces *fruits*-là viennent tous dans la terre, mais ils
ne se ressemblent pourtant point !

ÉTIENNE. — Rappelle-toi de ne pas dire un

nom pour un autre, ma sœur ; les fruits se cueillent sur les branches : mais les racines, vois-tu, cela vient toujours dans la terre.

M. KLEIN. — La plupart du temps, mon ami, dans la plupart des arbres : et cependant il y a bien des exceptions : Voici des racines que l'on appelle *pivotantes* chez la *carotte*, la *betterave*, le *navet* (fig. 7). Celles-là, bien entendu, plongent toutes profondément dans le sol pour y puiser les sucs nourriciers à l'aide de leurs

Fig. 7 — Racine pivotante du navet.

spongioles. Prenons, au contraire, ce pied de *chiendent* (fig. 8) ou cette plante de *primevères* (fig. 9), et tout à coup, notons de fameuses différences ! leurs racines proprement dites ne leur

Fig. 8. — Racine adventive de chiendent.

suffisant pas, apparemment, il leur en vient d'autres, presqu'à la surface du sol, qu'on nomme *adventives* et qui naissent sur la tige, quelquefois même sur les feuilles !....

ETIENNE. — Pour lors, monsieur, celles qui

Fig. 9. — Racines adventives de primevères.

ne sont pas dans la terre, qu'est-ce qu'elles font ?

M. KLEIN. — Eh ! regarde-le, ce qu'elles font ! Regarde ce vieux lierre qui se cramponne autour de l'orme (fig. 10) ! Je t'assure qu'il ne se contente pas de ses *racines souterraines*, car il en a bel et bien tout au long de sa tige (1), qui servent à le nourrir aussi bien qu'à le fixer. Et remarquez une

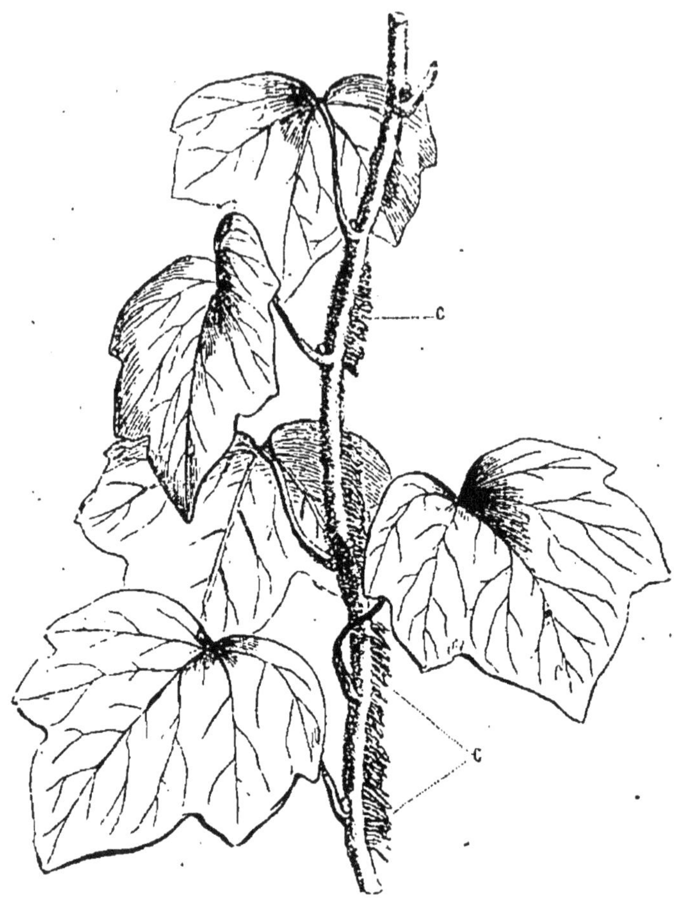

Fig. 10. — Crampons de la tige du lierre.

chose, mes enfants : bien qu'elles soient au grand air comme les feuilles, ces racines du lierre ne

(1) Il n'est donc pas étonnant que le sommet d'un pied de lierre continue sa végétation lors même que sa base a été détruite : dans ce cas, la nutrition se fait par les racines adventives.

(Docteur Bocquillon, *la Vie des plantes*, p. 66.)

deviennent pas *vertes !* Elles restent pâles. On dit que toutes les grandes lianes de l'Amérique sont ainsi faites : elles serpentent même au-dessus des plus hauts arbres, dans les forêts, et leurs racines aériennes pompent dans l'air les vapeurs d'eau qui y flottent (1). Dans tous les pays situés entre les tropiques, la température extrêmement chaude, jointe à la grande humidité, modifie de toutes parts la vie végétale. Au nombre de ces plantes grimpantes, je puis vous citer la *vanille* qui vient se vendre chez nos épiciers d'Europe.

MADELEINE. — J'en ai vu, moi, de la vanille ! Mlle Brigitte en met, chez M. le curé, dans les crèmes, et elle m'en a fait goûter trois fois. — C'est bon ! cela a un goût très-doux ; — mais si c'est une racine ou un fruit, je n'en sais rien....

M. KLEIN. — Ma fille, le fruit de la vanille qu'on emploie en cuisine est une gousse remplie de petits corps noirs, très-nombreux, qui sont les *graines :* — cette gousse devient parfumée en mûrissant au soleil brûlant des tropiques. Chez nous, on ne la voit mûrir que dans les serres. C'est une végétation très-différente de la nôtre, par là-bas !

ÉTIENNE. — A ce compte-là, monsieur, nos plantes d'Europe meurent tout de suite dès qu'on les transporte dans des pays plus chauds ou plus froids ?

M. KLEIN. — Il n'y a rien d'absolu, et je ne

____

(1) Grimard, *la Goutte de séve*, p. 97.

saurais te répondre oui ou non. L'acclimatation des végétaux est souvent périlleuse, mais il est difficile de connaître les diverses influences du sol sur les plantes. D'une part, leurs racines peuvent supporter, dans l'intérieur du terrain, un degré de chaleur considérable, — M. de Humboldt, M. Pouillet parlent de 50 et 60°; — d'autre part, le froid qui tue une plante est généralement sans action sur sa graine (1). Tu vois donc qu'on ne peut rien préjuger d'absolument certain quand on transporte des espèces d'un continent à un autre. La population végétale d'un lieu, comme on dit, dépend surtout de l'état thermométrique de l'air et de l'écart plus ou moins grand dans les températures extrêmes d'un pays. — Il faut des conditions identiques pour la reproduction des mêmes individus, voilà tout ce qu'on peut dire. Mais on connaît mieux la faculté d'absorption des racines. On sait que par toute la terre, et pour toutes les espèces, ce sont elles qui alimentent la plante d'*eau*. Il paraît même résulter des expériences de l'Anglais Hales et de l'Allemand Schubler que les plantes absorbent beaucoup plus d'eau qu'il n'en tombe du ciel (2).

THÉRÈSE. — Ah! mon Dieu, quand il pleut fort, il en tombe pourtant une belle masse! et d'où

(1) Henri Lecoq, *Etudes sur la Géographie botanique de l'Europe*, t. I, p. 21-29.
(2) Schleiden, *la Plante*, p. 183, édition Schulz.

donc les racines tirent-elles leur eau si ce n'est de la pluie qui baigne la terre ?

M. Klein. — Le sol lui-même jouit de la propriété d'absorber les vapeurs aqueuses contenues dans l'atmosphère : et ces vapeurs sont considérables ! Il ne faut pas oublier que le soleil les pompe toute la journée vers lui avec une force prodigieuse et que le vent les transporte. L'air, comme l'eau (1), circule partout, et il porte aux plantes les éléments dont elles se nourrissent. Vous ne supposez certainement pas, mes enfants, qu'un champ de choux de 25 ares exige cinq millions de livres d'eau pendant les quatre mois de l'été (2,500,000 litres), et un arpent de houblon de six à sept millions (2) : cependant, on l'a calculé ! Ainsi donc, déduction faite de la quantité d'eau de pluie qui s'écoule vers les rivières et vers les mers, il est impossible que les plantes se contentent de ce qui leur reste. Elles n'auraient pas leur compte !

Zoé. — Seigneur ! faut-il qu'elles aient soif pour boire tant que cela !

M. Klein. — C'est qu'aussi les végétaux ne sont pas comme les animaux qui mangent à leurs heures et puis se reposent après. Dans le bois, dans les champs, dans la nature entière et du plus petit au plus grand, toutes les racines boivent jour et nuit sans s'arrêter jamais ! Il en faut

____

(1) Comt. Maury, *Géographie physique*, 2ᵉ éd., p. 34.
(2) Schleiden, *la Plante*, p. 184.

de l'eau pour tout cela, allez, mes amis ! et il en faut des racines cachées sous terre jusqu'à de grandes profondeurs ! Si l'on savait un peu ce qui se passe dans le monde souterrain, on se défierait de bien des choses nuisibles. Marcel, le vieux garde, fait de la botanique sans s'en douter quand il indique le danger des arbres à *racines traçantes* plantés au bord des routes, et qui s'en vont vivre dans le champ, aux dépens de la moisson ; — le conseil de Marcel est bon ! car il n'y a rien de dévorant comme une racine. — On doit choisir des espèces *à pivot*, c'est moins envahissant.... Et malgré son rôle obscur en apparence et destructeur, je vous conseille, moi, de la bénir, cette travailleuse nourricière du végétal qui vous prépare, à tout instant, votre repas du lendemain ! Pendant que vous dormez bien tranquilles dans vos lits, pendant que tout repose dans nos étables et qu'à peine un coq chante ou qu'un chien hurle à la lune dans le village, la forêt patiente et forte fait des poutres pour nos maisons ; — la prairie, par ses milliers de filets minces, boit aux sources cachées ce dont le soleil du jour fera la bonne provende de nos animaux. Tout croît, tout se développe autour de nous et dans nous ; et je me réjouis que nous puissions ensemble, mes enfants, comprendre un peu mieux, par nos petites études, la belle loi universelle de vie.... Qu'as-tu, Étienne, à m'écouter ainsi les yeux en l'air ?

ÉTIENNE. — Je pense, monsieur, à la soif des

plantes, — sont-elles heureuses ! elles ont toujours à boire ! ! et nous autres, quand nous mourons d'ignorance, qui donc nous désaltère ?...

M. KLEIN. — Fais comme elles, fils, et bois toujours ! La terre féconde a de quoi nourrir tout ce qui vit, tout ce qui pense, — mais il y faut puiser !

CHAPITRE V

UTILISATION DES RACINES

> La végétation souterraine est à peine connue.
>
> (Lecoq, *la Vie des fleurs*.)

— Tu peux dresser la table, Thérèse, disait Ursule avec un soupir, et même nous servir la soupe. Il ne rentrera pas, va ; c'est inutile de l'attendre plus longtemps. Toujours la même chose ! cet enfant-là est fou avec les leçons ! il en perd le boire et le manger. Je ne me veux point coucher avant qu'il soit de retour, afin de lui dire un peu ma façon de penser. Un ouvrier s'occupe de sa besogne et ne se casse pas la tête de toute cette science d'études, à mon avis !

Thérèse. — Laissez-le donc, mère, puisqu'il ne fait point de mal ! C'est si beau, tout au contraire, de regarder dans la terre comme dans un livre, et d'y chercher l'histoire des brins d'herbe, comme dit M. le maître ! Notre Étienne s'en amuse, paraît-il, puisqu'il y reste tard le soir, après les autres.

Ursule. — Il s'en amuse trop ! Celui qui veut s'élever au-dessus de son état en sort ; cela ne

vaut rien à l'esprit ni à la famille. N'ai-je point
sujet de m'inquiéter, père Marcel, pour un garçon
de dix-sept ans qui a les idées tout à l'envers, qui
veut se rendre plus savant qu'il ne faut, surtout
depuis qu'il est notre soutien et notre appui dans
l'avenir ?

MARCEL. — Que voulez-vous, dame Ursule ? le
vent du siècle apporte la folie : ce que vous direz
et rien, ce sera tout un ! Votre fils est un brave
cœur, du reste ; il y a moins de danger pour lui,
vu qu'il a encore la crainte de Dieu et de sa
mère... Mais, voyez-vous, cette manie de donner
partout de l'instruction, cela nous perd les campagnes ! Les vieux ne sont plus à leur place ; on
les traite sans respect et l'ambition étouffe les
bons sentiments ! Je le répète à qui veut m'entendre ; parlez-moi de ma jeunesse — voilà le bon
temps !

MADELEINE. — Cependant, père Marcel, il y a
eu des jeunes et des vieux autrefois comme à présent, il en vient au monde tous les jours, et, si les
nouveaux ne faisaient point de progrès, à quoi
donc serviraient-ils ?

MARCEL. — Ma petite, tu es bien mignonne et,
dès que tu sauras obéir, tu en sauras tout assez !
Les livres ne te diront jamais comment on allume
le feu ! comment on fait à souper ! et l'essentiel,
Madeleine, quand on a très-grand'faim, c'est la
marmite avec ce qu'il y a dedans ! Je ne connais
que cela !

MADELEINE. — Personne ne l'ignore, père Marcel : le feu cuit le fricot, mais il ne le fait point! Et qu'est-ce qui ferait la soupe sans pain? et qu'est-ce qui ferait le pain sans blé? Il y en a des choses à apprendre, allez !

MARCEL. — Oui, mais tout cela ne regarde pas les enfants! les filles surtout. — Pour les distraire, on les renvoie à leurs poupées, et bien fait-on !

MADELEINE. — Ah! père Marcel, je n'en ai pas, moi, de ces jeux qui coûtent de l'argent! C'est pourquoi j'aime tant jouer avec les fleurs, qui ne coûtent rien! C'est très-beau d'abord ; et puis c'est si gai !

THÉRÈSE. — Mère ! soupez tout à votre aise : j'ai couché le petit Jean ; sa blouse est sèche et repassée pour demain. Vous n'aurez pas à vous en tourmenter, il sera propre à l'heure de la classe.

MARCEL. — La bonne travailleuse ! elle aide à sa mère et met l'ordre partout, sans avoir besoin d'un livre pour l'apprendre. L'exemple se transmet, — les femmes ont charge du ménage, et depuis le commencement de la Bible, c'est un devoir saint et sacré pour elles. Toutes les leçons nouvelles n'y peuvent rien ajouter!

THÉRÈSE. — Sans vous offenser le moindrement, père Marcel, vous vous trompez. La réflexion vient petit à petit ; à voir comme tout se range dans l'arbre et dans sa vie, on prend idée de mieux ranger la maison... Tiens ! frère, te voilà donc enfin ! On ne t'attendait plus!...

ÉTIENNE. — Bonsoir, mère ! bonsoir, les sœurs et la compagnie ! Tout le monde va bien ? tout le monde a soupé, j'espère ? Je ne veux jamais qu'on m'attende quand le patron me laisse quitter de bonne heure — car l'école passe avant le plaisir de vous voir et de vous embrasser, c'est convenu par avance.

Fig. 11. — Granules de fécule de pomme de terre, vue au microscope.

URSULE. — On s'en aperçoit suffisamment sans que tu nous le dises, fils, et c'est bien triste assez pour ta mère de ne te voir qu'à l'envolée. Encore si tu y trouvais ton profit, je te laisserais sans regret courir ainsi dans les ténèbres : mais je me désole du temps que tu perds après ton travail au lieu de venir te reposer vers nous, à la veillée.

ÉTIENNE. — Si ce n'est que cela, mère, ne vous mettez point en peine. Le temps perdu est tôt retrouvé quand on écoute, comme ce soir, une belle leçon à propos des pommes de terre, tout en les retirant de dessous la cendre ! M. Klein nous avait gardé dix à douze. On riait ; on disait : « Par exemple ! cela n'est pas possible ! » — J'ai prié M. le maître de me la prêter cette histoire. — Voulez-vous l'entendre à votre tour ?

MARCEL. — A quoi bon ? Qu'est-ce que tes livres racontent que nous ne connaissions déjà ? Les gens de village en savent plus que les écrivains en fait de culture ! et c'est tout clair : chacun son métier, parbleu !

MADELEINE. — Est-ce des voyages encore, Étienne, comme la dernière fois ? Dis-nous-la, ton histoire, et je te promets de bien écouter.·

ÉTIENNE (lisant). — Eh bien ! écoute : « On nous répète toujours : Rien ne se fait de rien ; et quand on y réfléchit, il faut bien que cela soit vrai. Les hommes comme les bêtes vivent de ce qu'ils mangent — la nourriture leur est indispensable. Les plantes font de même, puisque la terre leur procure la substance qu'elles y puisent. Cela se retrouve plus tard en fécule (fig. 11) dans les racines, en amidon (fig. 12) dans les graines. Les aliments sont profitables au corps selon qu'ils contiennent plus ou moins de cette matière féculente, si nécessaire à la santé des animaux. »

MARCEL. — Tu nous annonces un livre de jardinage et puis voilà de la médecine à cette heure ! Garçon ! ta mère a raison, la science te brouille la cervelle.

THÉRÈSE. — Si vous n'écoutez pas aussi, père Marcel, comment voulez-vous juger ce qu'il y a d'écrit! et puis, d'ailleurs, il faut regarder les gravures pour comprendre.

ÉTIENNE. — « L'amidon est une substance précieuse que la nature emmagasine dans la graine (1) pour la nutrition de la plante future : la graine emploie cette substance, dès qu'elle se met à germer. L'homme aussi l'emploie pour ses propres besoins et s'en empare partout où il la trouve ; dans le grain du blé, de l'orge, de l'a-

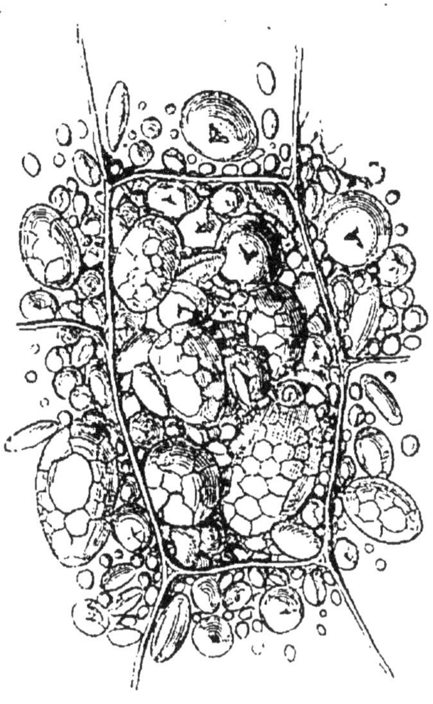

Fig. 12.   Granules d'amidon de maïs.

voine; dans le riz, dans le maïs; — il en tire sa nourriture et celle des animaux dont il se sert. Les légumes secs contiennent aussi beaucoup

(1) Ce corps se trouve dans chaque plante et dans chacune de ses parties, mais ce ne sont que les racines, les tubercules, les semences, les fruits et, plus rarement, la moelle, comme par exemple celle du sagoutier, qui en

d'amidon, nos haricots, nos lentilles ; — il s'en trouve dans le pois chiche, la fève (1), la châtaigne. — Il s'en trouve dans la plupart des racines. C'est la moelle considérablement amplifiée qui forme, en majeure partie, la fécule dans les tubercules de la pomme de terre. Il est bon de noter, toutefois, que cette substance est bien plus nutritive dans la graine de nos céréales qu'elle ne l'est dans la tige souterraine de la pomme de terre (fig. 13), trop longtemps confondue avec les racines. »

MADELEINE. — Dans le fait ! pourquoi dit-on des *pommes de terre ?* cela ressemble à des oignons plus qu'à des pommes, n'est-ce pas, Thérèse ?

ÉTIENNE. — « A cette occasion, nous voulons insister sur la nature de la tige qui se distingue de la racine. Quand une portion de *tige* ensevelie sous terre a la faculté de produire des feuilles, il ne faut pas la prendre pour une *racine*. Jamais une racine ne porte, sur un point quelconque de son étendue, rien qui de près ou de loin ressemble à une feuille ! On ne voit pas dans les caves, à la fin de l'hiver, germer les carottes et les navets

contiennent en quantité suffisante pour qu'on puisse s'en servir comme aliments ou l'extraire sous forme de fécule.
(Schleiden, *la Plante*, p. 39.)

(1) Les cotylédons des haricots, des pois, des fèves, des lentilles, donnent une nourriture azotée qui rivalise avec la viande.
(Bocquillon, *Vie des Plantes*, p. 225.)

qui sont de vraies racines : tandis que les pommes
de terre émettent des bourgeons et lancent de
petites tiges, ce qui les appauvrit de leur fécule
dépensée et les rend très-mauvaises à manger.
Voilà la différence qui existe entre une racine et
un *rhizome* ou un tubercule — un bulbe. Il est
facile de se rendre compte de ces différences
en étudiant la tige souterraine de l'iris (fig. 14),
et en la comparant aux tubercules de la pomme
de terre (fig. 15). Un de ces tubercules planté
tout entier peut produire une touffe volumineuse,
parce que chaque *œil* donne généralement naissance à une tige séparée. Aussi les cultivateurs
coupent en morceaux chaque pomme de terre
afin de multiplier leurs produits. »

Marcel. — Voyons ! Étienne : un peu de patience. Comment un individu dans son bon sens
pourra-t-il croire à la connaissance de ce monsieur qui nous parle en phrases dans son livre sur
les légumes de nos champs qu'il n'a jamais bêchés
lui-même, et dont il mange le plus souvent sans
les distinguer dans sa cuisine ?

Étienne. — Il s'y connaît, père Marcel ! soyez
donc tranquille ! Les savants prennent leurs précautions avant d'écrire : ils pensent bien que vous
êtes aux aguets pour les critiquer. « Si l'on voulait pousser trop loin cette multiplication, il en ré-
sulterait que les morceaux dépourvus d'yeux ne
donneraient rien. Mais on sait cela à la campagne.
On sait aussi très-bien qu'il faut *butter* chaque

pied de pomme de terre en amoncelant de la

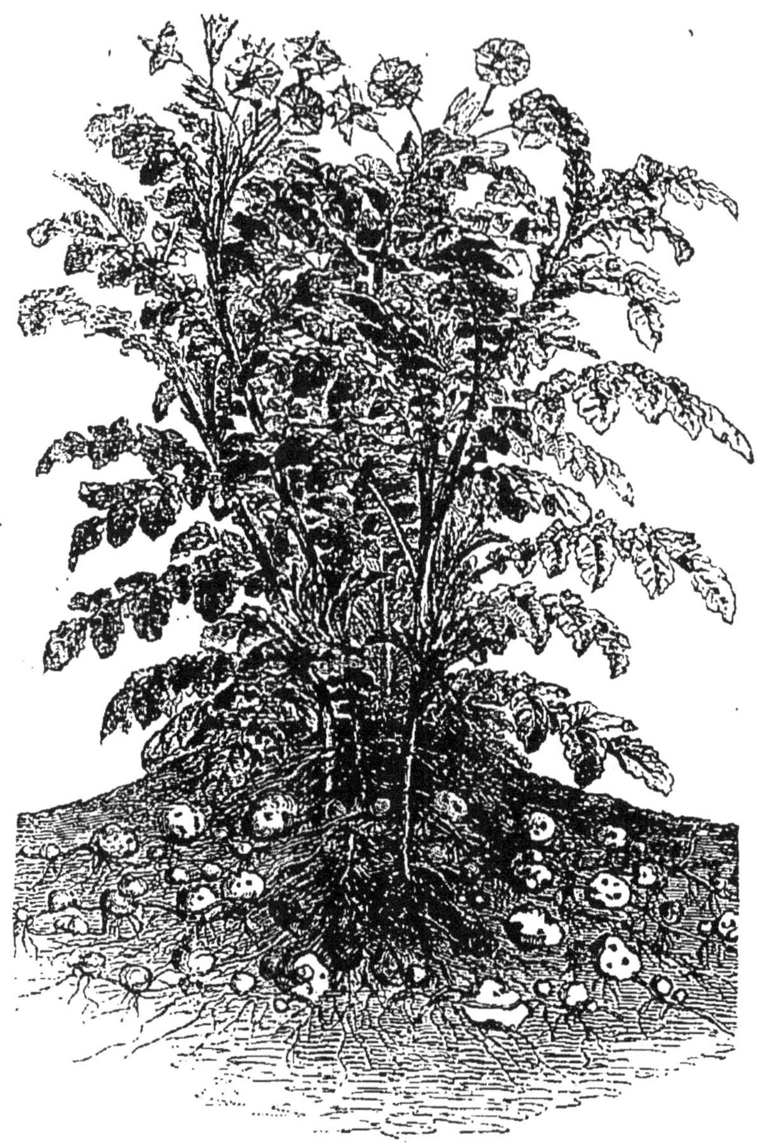

Fig. 13. — Rameaux aériens et rameaux souterrains de la pomme de terre.

terre à la base de la tige. Seulement on ignore

peut-être que, faute de cette mesure intelligente, les pommes de terre qui sortent du sol se colorent en vert sous l'influence des rayons du soleil, et que ces tubercules *verdis* (1) constituent un aliment dangereux ; qu'enfin c'est pour les faire *mûrir* dans l'obscurité qu'on doit enfouir les pommes de terre à une certaine profondeur. »

URSULE. — Bah ! quand elles sont amères pour avoir vu le jour, nos habillés de soie s'en contentent encore, on n'est pas forcé de les manger ! Ton savant ferait mieux, Étienne, de nous dire ce qui rend les pommes de terre malades et ce qui les empêche, s'il le sait, du moins !

ÉTIENNE. — Attendez donc, ma mère ! Cela va venir : « Le don le plus précieux que nous ait fait le nouveau monde est, sans contredit, la pomme de terre. Dans quelle partie de l'Amérique a-t-elle été découverte ? Christophe Colomb et ses compagnons l'ont-ils vraiment trouvée aux Antilles, comme le dit Prescott ? Jusqu'à présent sa patrie primitive reste incertaine. Rapportée du Pérou par les Espagnols au XVI⁰ siècle, il se passa bien du temps avant que la culture en fût répandue en Europe ; et c'est au zèle du célèbre Parmentier qu'on est redevable de tous les services qu'elle a rendus à l'humanité depuis deux cents

---

(1) .... En même temps que de la chlorophylle, il s'y est produit de la *solanine,* substance vénéneuse.

(Duchartre, p. 273.)

Fig. 14. — Tige souterraine de l'iris.

ans. Par malheur, la maladie de la pomme de terre
a causé, à plusieurs reprises, de véritables inquié-
tudes pour la santé publique. On l'attribue à l'espèce dégénérée, qu'il faudrait sans doute reproduire par des semis faits avec des graines parfaitement mûres (1). Il est aussi très-nécessaire de
faire choix du terrain dans lequel on les cultive.

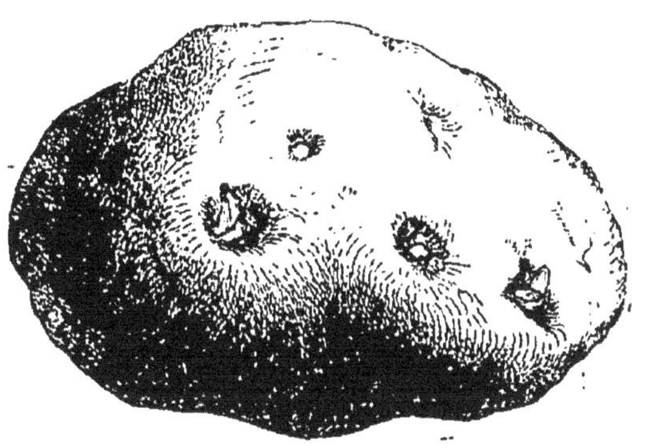

Fig. 15. — Pomme de terre et ses bourgeons.

Au lieu de mettre des pommes de. terre dans un sol fraî-chement fu-mé, comme nous avons habitude de le faire, on
devrait commencer par le seigle et faire succéder
à celui-ci des pommes de terre ; ou mieux encore
les pommes de terre après le trèfle qu'on aurait
semé en seconde récolte dans le seigle (2). Leur
production, selon le savant Allemand Liebig, exige
une grande quantité de potasse. — On comprend
bien que les chimistes se rendent compte d'un terrain et de ce qu'il est capable de produire (3). »

(1) Dr Ferd. Hoëfer, *Botanique pratique*, p. 612.
.2) Schleiden, *la Plante et sa Vie*, p. 198.
3) L'étendue qui produit 1,000 kil. de grain peut livrer
10,000 kil. de pommes de terre et 20,000 kil. de betteraves à sucre, dont l'exportation soustrait au sol les pro-

Eh bien! Marcel, direz-vous encore que toutes nos histoires sont des contes à dormir debout?

MARCEL. — Je ne dis pas qu'à la rigueur, il n'y ait rien d'utile là dedans, mais encore cela dépend des gens! de la culture petite ou grande! et il faut éprouver ces conseils-là à l'user. On a sitôt fait de parler! Le difficile est dans l'action.

ÉTIENNE. — Vous avez raison! mais nous autres, père Marcel, qui sommes obligés d'agir, c'est notre intérêt de savoir ce que nous faisons et *pourquoi* nous le faisons! Ainsi voyez encore ce qu'il marque au sujet des betteraves : « Parmi les racines utilisées par la main de l'homme, il en est une dont notre industrie nationale tire un grand profit : c'est la betterave, qui, moitié tige et moitié racine, sert à la fabrication du sucre. Pour la cultiver, on a grand intérêt à en distinguer les espèces. Celles qu'on emploie à la nourriture du bétail, entre autres la *disette* et la *betterave globe*, sont presque entièrement extérieures : et c'est parce qu'elles sortent le plus de terre qu'elles contiennent des matières *azotées* en plus grande quantité. Au contraire, pour l'extraction du sucre, on a tout intérêt à cultiver des betteraves enterrées le plus possible, parce que la portion la plus riche en sucre ou *radicule* y est à son maximum de développement. (Duchartre.)

---

portions respectives de huit et quinze fois la quantité de *potasse* qu'enlève le grain obtenu sur une surface égale.
(Dr Emil Wolff, *Étude pratique des engrais*, p. 112.)

Les lois prohibitives sur l'industrie du sucre indigène ont beaucoup nui, en France, à la culture de la betterave, qui a pris en Allemagne (1) une extension considérable. »

MARCEL. — Ne fait-on pas aussi des eaux-de-vie avec ce sucre-là?

ÉTIENNE. — Précisément! on le dit. « Il est déplorable, par exemple, de voir consacrer à la fabrication des liqueurs spiritueuses les fécules, les sucres ainsi obtenus : dans le seul royaume de Prusse on distille chaque année le grain qui suffirait à nourrir un million et demi d'habitants, les pommes de terre qui en alimenteraient quatre millions! et le vice de l'ivrognerie augmente au lieu de diminuer.

« Si l'emploi de la pomme de terre, de la betterave est de date récente, d'autres plantes potagères sont cultivées au contraire et reconnues alimentaires depuis l'antiquité. Les Grecs et les Romains, qui connaissaient presque tous nos légumes, mangeaient de l'ail; les Égyptiens, même du temps de Moïse et de ses Hébreux, mangeaient de l'oignon; et Pline prétend que, pour obliger le peuple à s'en abstenir, les prêtres de ce temps-là ordonnèrent de rendre un culte à ce bulbe trop parfumé! Dans nos jardins actuels on connaît assez l'ail, l'échalote, le poireau, la ciboule pour qu'il suffise d'en rappeler les nom-

(1) Ferd. Hoëfer, *Botanique pratique,* p. 101.

breux usages... il n'est pas de bon assaisonnement sans oignon! Toutes ces espèces appartiennent à la même famille, celle des Liliacées, dont
le mode de reproduction est tout particulier.

Les plantes bulbeuses
telles que la jacinthe,
si chère aux habitants
de Harlem, en Hol-
lande (fig. 16), se
reproduisent en gé-
néral par *caïeux*, et
nos jardiniers trou-
vent dans ce mode de
multiplication beau-
coup plus d'avantages
que dans les semis,
en ce qu'il conserve
rigoureusement les
caractères de la plan-
te (1). Le bulbe d'oi-
gnon qui a fleuri une
fois ne refleurira plus
et périra; mais on sait
que ce légume doit

Fig. 16. — Bulbe de jacinthe au printemps.

être *semé* de préférence, et au printemps comme
le poireau. Les procédés de culture, étudiés par
l'homme dans tous les temps, lui ont assuré sur

(1) Ce sont ces bourgeons-bulbes qu'on nomme des
caïeux. On les détache pour les planter ensuite à part.
(*Eléments* de Duchartre, p. 418.)

la terre entière des aliments agréables et salubres.»

MARCEL. — Ah çà, dame Ursule, votre lecteur me paraît décidé à vous tenir éveillée jusqu'à minuit, avec ses beaux récits de culture! Pourtant voici l'heure de se dire au revoir!

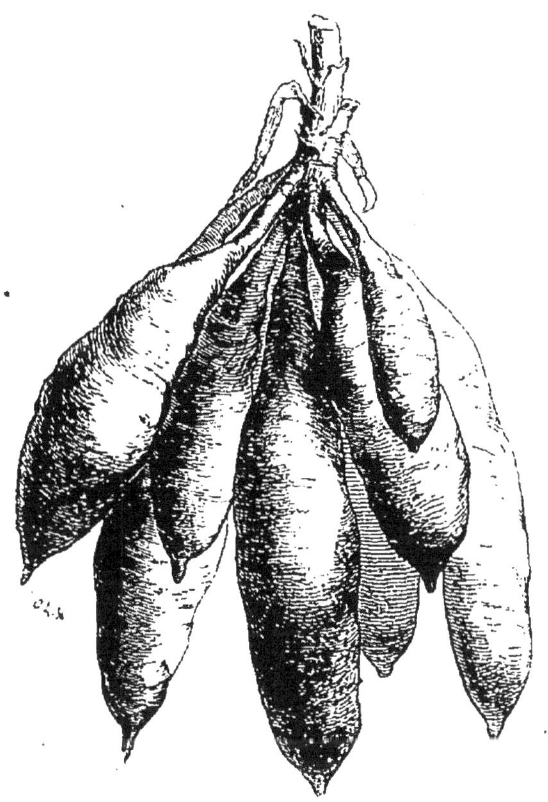

Fig. 17. — Racine de manihot.

MADELEINE. — Pas encore, Étienne! Fais voir! ne ferme pas le livre! il y a d'autres images !

ÉTIENNE. — Plus tard, ma fille, pas tout le même soir. Celle-ci est la racine du manihot (fig. 17), qui fournit le tapioca, une plante de l'Amérique du Sud;

et cette autre est l'igname du Japon (fig. 18), qui donne tant de fécule, qu'on avait proposé, à ce qu'assure M. Klein, de l'introduire chez nous à la place de la pomme de terre.

Thérèse. — Est-ce aussi bon? On ne sait pas! Et avant de renoncer à la pomme de terre...

Marcel. — Risque-Tout! allons, mon vieux, réveille-toi. Tu oublies ta ronde, au coin du feu. — Viens-t'en voir avec ton maître si les lapins trottent au clair de lune. Et bonne nuit je vous souhaite, les voisins!

Ainsi s'en allait le vieux Marcel et bientôt tout dormait chez la veuve.

Fig. 18. — Igname du Japon.

LIVRE II

LA TIGE

La plante est libre de produire des
organes en nombre illimité.

(Boscowitz, *l'Ame de la plante.*)

CHAPITRE PREMIER

QUELLES HERBES SONT MAUVAISES ?

..... Cependant la plante respire.
(LA FONTAINE, liv. X, fable i.)

M. KLEIN. — Nous avons du nouveau, mes
enfants, je gage : et notre plantule, qui montrait
simplement le bout de son nez, a dû, en huit jours,
épanouir ses deux feuilles au soleil. Qui de vous
me dira pourquoi le haricot sort de terre avec
deux feuilles et ne *peut* croître autrement?

MADELEINE. — Il le faut bien, monsieur, puisqu'il a deux écuelles, deux moitiés de son amande,

— les espèces comme lui, les espèces qui ont
deux cotylédons, poussent toujours avec deux
feuilles, et n'y manquent jamais.

M. KLEIN. — Ah! vraiment! Madeleine, tu en es sûre? Et s'il s'agissait, non plus d'un haricot que tout le monde connaît, mais bien d'une espèce tout à fait nouvelle pour toi, il te suffirait d'en examiner la graine avant de la mettre en terre pour annoncer, avec certitude, son mode de développement? Eh bien! ma chère enfant, cette analyse des végétaux permet de décider, de prévoir ainsi tous leurs actes; — de reconnaître les différences, les ressemblances qui les séparent ou qui les rapprochent, et de dresser sur la terre entière une sorte de classement de tout ce qui s'y renouvelle, d'année en année. Bien entendu, il est très-difficile de connaître le nom de *toutes* les plantes : cela est même, convenons-en, impossible; — mais de certains caractères sont faciles à apprécier, même pour des enfants! et vous allez d'abord me nommer de vous-mêmes cette partie de notre haricot que nous voyons là (fig. 19), toute verte et fière!

ÉTIENNE. — La *racine* est descendue loin du jour : et la *tige* va monter vers le soleil. Mais vous parlez de différences, monsieur? il y en a de fameuses, on peut le dire, entre la tige d'un brin d'herbe et la tige d'un gros arbre! Sait-on d'où cela provient?

M. KLÉIN. — Toujours la cellule primitive sert de point de départ à toute vie organisée, ne l'oublions pas! Que le travail de la germination soit lent ou rapide, que le développement de l'individu

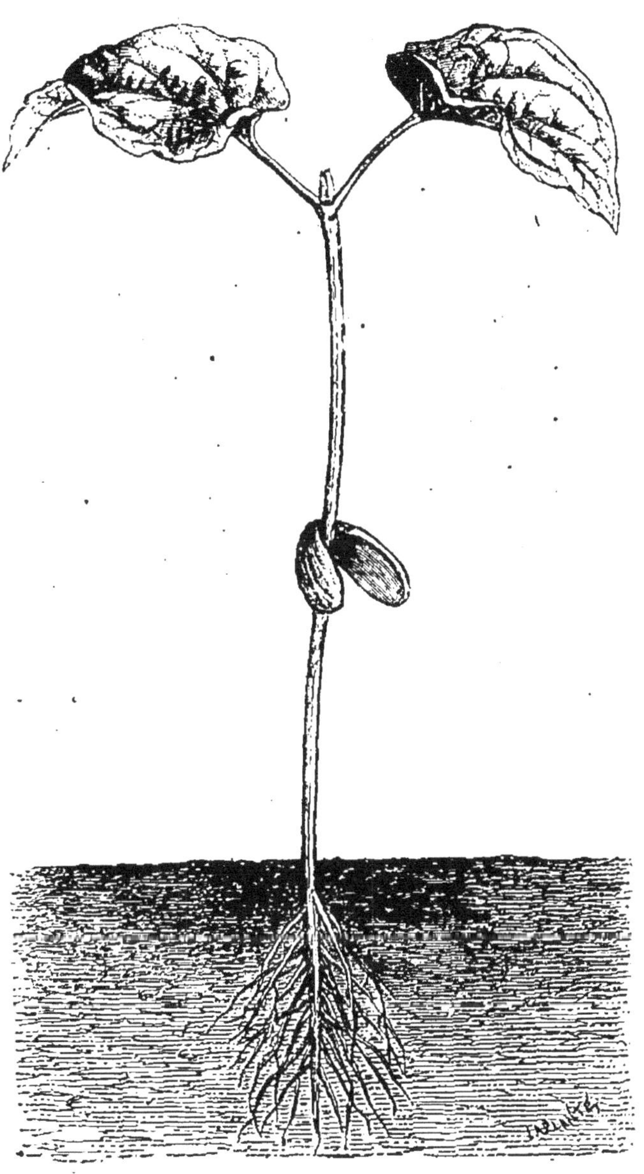

Fig. 19. — Jeune Haricot : la radicule est devenue racine, la tigelle s'est allongée.

soit restreint ou considérable, c'est la cellule imperceptible qui a puisé la *séve* dans la terre et qui fait grandir la plante. Et les cellules se sont multipliées en nombre infini! puisque, selon le dire des botanistes, certaines feuilles augmentent de 2,000 cellules par heure! certains champignons, de 47 milliards de cellules en une seule nuit (1)! La séve, qui marche vite, est capable de tout cela; elle prépare en ce moment notre tige de haricot, qui sera *herbacée* : — elle prépare aussi bien, quoique par des procédés différents, la tige d'un chêne, qui sera du bois. On a dit que *la séve est du bois liquide,* parce que, dans la plus petite mousse ou dans la branche la plus solide, c'est toujours la séve qui court partout!

ÉTIENNE. — Est-ce aussi dans la graine qu'on juge si la tige sera dure ou molle?

M. KLEIN. — Pas absolument : mais on décide avec certitude de quelle nature sera son bois. Tous les arbres de notre pays appartiennent à la classe des *dicotylédones;* — or, les dicotylédones ne forment pas leur tige par le même travail, le même développement de cellules, que les *monocotylédones.* Vous pouvez le constater ici. Voici une coupe du tronc d'un *chêne* (fig. 20). Comparez-la avec la coupe du tronc d'un *palmier* (fig. 21), et

(1) Henri Lecoq cite le Lycoperdon giganteum, qui, en une seule nuit, parvint de la grosseur d'une noisette à celle d'une gourde assez volumineuse. (*La Vie des fleurs,* p. 16.)

vous compterez fort bien l'âge du chêne (18 ans),

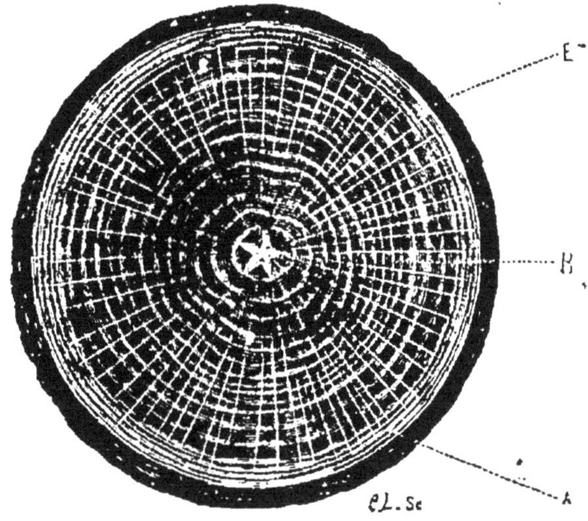

Fig. 20. — Coupe transversale d'un tronc de chêne
blanc âgé de 18 ans.

tandis que vous ne devinerez point celui du palmier.

Fig. 21. — Coupe d'une tige de palmier.

THÉRÈSE. — C'est vrai! il y a des arbres très-vieux, — la grand'mère de notre père avait connu notre poirier du jardin, — mais je ne savais pas qu'on pourra lire son âge dans son bois, quand on l'abattra.

M. KLEIN. — Doucement! je n'ai pas dit que cela soit facile à compter sur *toutes* les espèces de nos arbres : sur les arbres à *bois dur*, à la bonne heure! et je vous cite pour exemple ce tronc de chêne scié, où chacun des cercles concentriques, emboîtés les uns dans les autres, correspond à une année de végétation (1). La moelle est dans le milieu, comme vous voyez ; puis le bois, qui s'est durci par le travail des années, car, au début, un petit tissu composé de cellules, cela n'est pas solide!... Il en faut de la séve, épaissie sous l'écorce, pour faire du cœur de chêne! pour élancer dans les airs un de ces grands sapins du Nord qui fera un mât de navire! Mais toutes les plantes ne sont pas destinées à devenir vieilles : — celles qui naissent et meurent dans la même année, on les appelle *annuelles ;* d'autres ont deux ans à vivre, ce sont les *bisannuelles.* La graine, pourtant, n'annonce pas le degré de durée qu'aura la tige : elle annonce quel sera le mode de sa formation, ce qui est déjà bien joli! Une graine de monocotylédone (2) prépare la tige

______

(1) Ed. Grimard, *Goutte de Séve,* p. 135.

(2) Les monocotylédones ne savent se construire que des tiges dans le tissu cellulaire desquelles les faisceaux demeurent épars. (*Goutte de Séve,* p. 188.)

creuse du *bambou*, de la canne à sucre, de nos céréales, blé, orge, avoine ; —tandis que la graine à *deux* cotylédons indique un végétal qui, arbre ou plante légumineuse, sera tout autrement constitué.

ÉTIENNE. — Faites excuse, monsieur, si je vous interromps. Ce que vous nous racontez est beau, pourtant je ne m'en étonne guère; car enfin la racine en terre, la plante qui en sort, la séve qui monte dans l'arbre, — le bois, l'aubier, l'écorce, on connaît tout cela du plus au moins. Ce qu'il serait bon de savoir, c'est comment cela s'opère — et d'abord la séve! Eh bien! qu'est-ce que c'est que la séve? le sait-on?

M. KLEIN. — Mais, oui; de l'eau claire, dans le principe, ou à peu près! de l'eau claire qui deviendra épaisse (1), qui deviendra sucrée, plus tard, à mesure qu'elle aura circulé dans le végétal, en guise de sang.

ÉTIENNE. — Oh, permettez! chez les animaux, le sang circule du cœur au poumon, du poumon au cœur, à cause du coup de pompe, du battement qui le chasse, cela se comprend — vous nous avez expliqué la petite et la grande circulation (2). Les végétaux ont aussi une vie très-développée, je ne dis pas : mais, à la fin du compte, ils n'ont

(1) Plus haut vous la puisez dans l'arbre, plus épaisse vous la trouvez. (*Goutte de Séve*, p. 58.)

(2) Voir *le Docteur au Village*, 1er vol. (Hygiène), p. 150, 2e édition.

point de *cœur* pour donner l'impulsion ! et si la séve monte aux branches du haut, c'est qu'elle le veut bien — elle n'y est point forcée, et rien ne la pousse. Elle monte parce qu'elle monte! et cela ne s'explique pas!

M. KLEIN. — Attends donc, un instant ! tu vas trop vite, mon fils ! pourquoi être si impatient ? Nous voici précisément arrivés au plus merveilleux procédé de la nature qui fait respirer les bêtes et les plantes tout à la fois autour de nous!

THÉRÈSE. — Je n'y suis pas, monsieur! car, pour sûr, les plantes n'ont point de bouche, pas plus qu'elles n'ont un cœur? — On n'a jamais pensé chose pareille...

M. KLEIN. — Si, ma chère Thérèse, elles ont des bouches, elles en ont même d'innombrables — tu le sais déjà! les racines mangent avec une voracité continue, sans s'arrêter jamais, et, pendant ce temps-là, à l'autre extrémité, les feuilles de la plante respirent avec une égale activité. « La circulation amène la séve brute des racines, qui en ont puisé les matériaux dans le sol, jusqu'aux feuilles, dans lesquelles le système ramifié des nervures la répand sur une large surface (1). »

ÉTIENNE. — Que la séve se promène dans les feuilles quand elle y est montée, je n'y vois rien d'impossible; pourtant, monsieur, de bas au haut il faut une force pour l'attirer ?

____

(1) Duchartre, *Rapport sur les progrès de la botanique physiologique*, p. 185.

M. KLEIN. — Voyons : la séve *ascendante*, autrement dit celle qui monte, a un motif, en effet, pour grimper au sommet des plus hauts arbres! D'abord, parce que les liquides montent toujours dans les tissus(1), et de plus, quand elle redescend, elle n'est plus du tout la même! — Après qu'elle a respiré par les feuilles, sa qualité change.

MADELEINE. —Tiens! c'est donc comme le sang noir qui devient rouge?

M. KLEIN. — Mais, un peu! — La séve a plus d'une ressemblance avec le sang ; parvenue dans les feuilles, elle acquiert des qualités nouvelles; elle perd, par la transpiration, une partie de l'eau qu'elle contient : sa nature se modifie (Richard). Son liquide aqueux prend une coloration plus ou moins marquée : en un mot, la séve ascendante se change en suc *nutritif*. Son mouvement, par exemple, n'a aucun rapport avec celui du sang qui, dans la vie animale, n'est jamais interrompu. C'est le retour du printemps qui détermine absolument le mouvement de la séve, par la nécessité où se trouve le végétal de grandir, d'émettre des feuilles, de revivre, enfin! Lors de cette saison, la séve *monte*, comme nous disions, pour aller chercher à la fois l'air, la lumière et la chaleur (2),

(1) La capillarité a été regardée de tous temps comme devant contribuer puissamment à l'élévation du liquide séveux dans les vaisseaux et dans les fibres ligneuses. (*Élém. de bot.* de Duchartre, p. 725.)

(2) La chaleur ne peut tenir lieu de lumière; mais la chaleur est plus *nécessaire* que la lumière. (Lecoq, *Géographie bot.*, t. Ier, p. 42.)

toutes choses, vous me l'avouerez, qu'elle ne trouvait pas réunies dans la terre.

MADELEINE. — Il est certain : pour trouver le jour, il faut sortir de terre, d'abord ! Mais où voit-on, monsieur, que les plantes respirent, puisqu'elles n'ont rien de ce qui sert à respirer ? Quand je tiens un petit poulet, je sens très-bien son cœur, sous ma main : et j'ai beau tenir une branche de feuilles vivante, je ne la vois ni ne l'entends qui bouge, — où est-ce qu'elle vit ?

M. KLEIN. — De plus fins que toi, ma fille, y ont usé leurs yeux : pour bien apprécier les organes d'une plante et ce qui les compose, ils l'ont étudiée avec de très-forts *verres* grossissants ! puis ils ont eu l'idée de la brûler, d'en faire du charbon, enfin de la réduire en cendres, — et dans toutes les cendres ils ont retrouvé les mêmes éléments, bien qu'en proportions différentes (1)...

ÉTIENNE. — En effet ! mettez au feu soit une bûche, une branche d'arbre, ou même un rameau vert, vous le verrez noircir et brûler ! Il n'y a même pas d'autre manière de se procurer du charbon de bois. Est-ce que cela a rapport à la respiration des feuilles par hasard, monsieur ? Je n'y aurais jamais pris garde !

M. KLEIN. — Allons donc ! puisqu'on retrouve du charbon dans les plantes, il faut, de toute né-

______

(1) Toutes les plantes contiennent dans leurs cendres à peu près les mêmes éléments, mais dans des proportions très-variables. (Schleiden, *la Plante*, p. 258.)

cessité, qu'il y soit entré, n'est-il pas vrai? Mais par où?'voilà la question! Les savants vous ré-pondent : « Les plantes se nourrissent d'*eau* par leurs racines et d'*air* par leurs parties vertes. » Car il est bon de vous le dire encore, mes amis, *toute* la plante ne respire pas de la même façon, du bas en haut! ni le jour et la nuit! Il y faut la présence du soleil, dont l'influence est si grande, et qui modifie tout par ses rayons!

Zoé. — C'est vrai pourtant! dès qu'il brille il nous chauffe et nous éclaire, et tout pousse sur la terre! Sans le soleil nous serions tous bientôt morts, je le crois!

M. Klein. — Oh, cela ne fait pas l'ombre d'un doute; — toutes les forces, toutes les vies qui se développent dans le monde, ont leur origine dans le soleil! Entre autres merveilles, c'est par sa chaleur et par sa lumière que la vie de la plante s'accomplit dans l'air, — et, si la vie végétale cessait, la nôtre serait anéantie du même coup. Songez donc, mes amis! plus de fruits! plus de vin! plus de blé!...

Une petite fille. — Pendant quelque temps, on pourrait manger de la viande sans pain?

Thérèse. — Et l'herbe que tu oublies, ma petite Zélie! quel bœuf, quel mouton vivrait un jour sans manger de fourrage! Avant d'aller chez le boucher, ils vont aux champs, — leur chair se fait de ce qu'ils mangent!

M. Klein. — Et ils ne peuvent manger que ce

qui pousse, c'est tout clair ! et nous-mêmes ne pouvons vivre sans manger des animaux et des végétaux. — Vous voyez bien que les plantes sont non-seulement utiles, mais *indispensables* à la nature entière.

ÉTIENNE. — Permettez, monsieur, ne serait-il pas bien utile que certaines plantes disparaissent? La botanique n'a-t-elle pas pour but d'établir toutes celles qui sont mauvaises et qu'on doit s'attacher à détruire? tous les poisons, toutes les herbes peu saines au bétail et aux hommes — tout ce qui est *nuisible*, enfin !

M. KLEIN. — Mon fils, aucune herbe n'est mauvaise : nous appelons ainsi, par ignorance, celles que nous ne savons pas appliquer à nos besoins, — mais toute chose a sa loi, sa raison d'être! Et dans l'admirable organisme

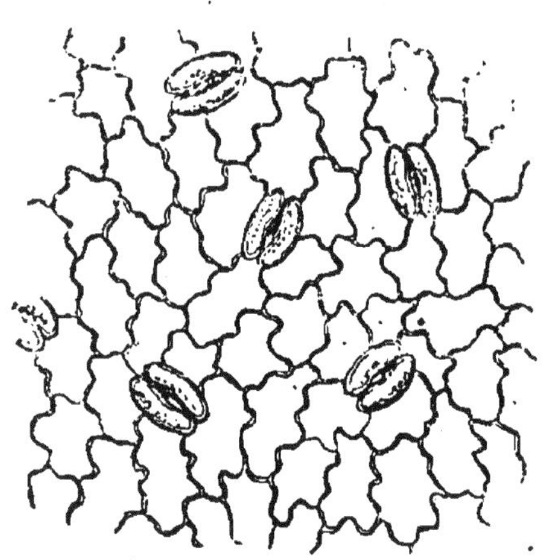

Fig. 22. — Stomates des feuilles.

de l'univers, la plante, en absorbant une portion de l'air, prépare celui qui est nécessaire à l'animal. Les hommes, qui sont des animaux, ont besoin de la plante, de *toutes* les plantes ! non parce qu'ils font usage de toutes les espèces pour leur nourriture, mais parce que là composition de

l'atmosphère est incessamment modifiée par elles!
— Nous parlerons de cela un autre jour ; contentez-vous ce matin de regarder, sur cette belle image, la forme grossie au microscope (fig. 22) des mille bouches de la feuille, appelées *stomates*. C'est par les stomates que l'*acide carbonique* de l'air pénètre dans les cellules végétales, où ces bonnes petites chimistes, si habiles, savent en faire le bois dont nous nous chauffons (1).

(1) M. Duchartre a compté lui-même le nombre des stomates et leur distribution par millimètre carré sur la face inférieure de la feuille de :

Reine-Marguerite.....	70	Buis................	140
Fraisier-Ananas......	110	Olivier.............	215
Châtaignier.	175	Chêne ....°.........	250
Frêne...............	165	Vigne..............	125

(*Éléments de botanique*, p. 107.)

CHAPITRE II

CE QUI NOURRIT LE MONDE

> Ce champ ne se peut tellement moissonner,
> Que les derniers venus n'y trouvent à glaner.
> (LA FONTAINE, liv. III, fable 1.)

ÉTIENNE. — Monsieur ! il m'est venu une idée depuis que j'ai examiné la forme du tissu des feuilles. Si, par tant de millions de petits trous, nos plantes respirent toutes à la fois, n'est-il pàs à craindre que, à la longue, la quantité d'air ne soit fort diminuée ? S'il allait nous en manquer ! Vous me direz que le monde est déjà vieux et respire encore : pourtant, cela peut-il durer éternellement sans épuiser la provision ?

M. KLEIN. — Eh mais, ta réflexion part d'un bon naturel, mon cher Étienne, tu penses à tes intérêts ! L'homme effectivement vit d'air et *de rien autre* (1) : il nous importe donc de n'être point à court de cet élément. Cependant, sois tranquille ! — Dieu y a pourvu et sa loi équilibre tout. D'un mot tout simple, je vais te rassurer. — La *circulation* est maintenue dans les plantes par la *vie*

_____
(1) Schleiden, *la Plante*, p. 162.

même — l'air y pénètre et les quitte, comme il pénètre chez les animaux, qui l'aspirent et l'expirent ! — Enfin, les grands courants des vents transportent d'un point à l'autre de l'atmosphère le gaz précieux qui nourrit le monde, — si bien que nous respirons en Europe, pendant l'hiver, l'air que la végétation des contrées lointaines a purifié et *restitué* à l'atmosphère. Tout circule, comme tu vois.

ÉTIENNE. — Ah ! c'est juste : puisque le vent sert à purifier l'air, il doit passer par-dessus la terre entière ! Mais comment se remplace ce qui s'use?

M. KLEIN. — N'avons-nous pas dit souvent que rien ne se crée *de rien*, et que tout se transforme? Les bonnes plantes, qui savent accomplir tant de transformations, changent en air respirable pour les animaux celui qu'ils avaient vicié par leur respiration (1) — car tu sais bien que tous les animaux respirent, les bêtes et les gens, pendant le jour et pendant la nuit. — Chaque homme introduit dans ses poumons, par la respiration, 8 litres d'air *par minute* (2) ! et si l'air qu'il absorde n'est pas pur, il meurt asphyxié.

(1) L'acte essentiel qui caractérise la respiration des feuilles pendant le jour, consiste dans un dégagement d'oxygène, et des expériences aussi nombreuses que démonstratives ont établi que le dégagement est corrélatif de la réduction de l'*acide carbonique* absorbé par ces organes. Duchartre, *Botanique physiologique*, p. 205.)

(2) Bocquillon, *Vie des Plantes*, p. 163.

C'est la loi de la vie animale! tu le sais de reste.

Étienne. — Alors, si je vous entends, la vie des plantes et celle des animaux ont besoin des choses *opposées*, et se rendent l'une à l'autre le même profit?

M. Klein. — Nous y voilà! Le monde entier vit des *mêmes* éléments, mais il les modifie et se les partage! — On peut dire qu'il vit d'air et d'eau (1), vois-tu, sous l'influence de la chaleur solaire! seulement tout cela est un peu difficile à expliquer si on n'emploie pas les noms adoptés par la science. — De l'air! de l'eau! c'est bientôt dit, et on n'en sait pas plus long: il faut s'expliquer!

Thérèse. — A ce compte-là, monsieur, et puisque les plantes vivent toutes seules de l'air du temps, pourquoi se donner tant de peine à labourer, à herser, à fumer la terre? On n'a qu'à les laisser croître — et tout ira pour le mieux!

M. Klein. — Bon! voilà Thérèse qui nous fait de l'agriculture, à présent! C'est un fameux chapitre, celui-là, ma fille! On l'étudiera longtemps! Et on deviendra savant et capable en agriculture, par l'observation des lois de la nature, par la comparaison des différents produits du globe! Tout sol ne produit pas tout, —ici pousse le blé, — plus loin c'est la vigne. Si je vous disais, mes amis, qu'on fauche tous les ans du foin magnifique dans

____

(1) L'homme vit, en définitive, de l'air par l'intermédiaire des plantes. (Schleiden, *la Plante*, p. 178.)

les régions les plus élevées du Tyrol et de la Suisse sans y *rendre* au sol la moindre particule de substance organique (Schleiden)! D'où provient ce foin, je vous prie, si ce n'est de l'atmosphère ? — Plus au nord, dans la Hollande, il se fait un commerce considérable de fromages ; et les prairies qui fournissent ce fromage ne sont jamais engraissées que par la présence du bétail. — Or, tout ce que ces animaux produisent ne provient-il pas des prairies elles-mêmes ? Mais en dehors de cette compensation, la quantité considérable de substance nutritive contenue dans le fromage (environ un million de livres d'azote), d'où vient-elle? Les grands courants atmosphériques, venus de l'Amérique, alimentent peut-être les plantes nourricières de ce pays-là, et leur donnent la propriété de faire de bon fromage ! ! par le lait des vaches qui les mangent, entendons-nous !

Zoé. — Si on recherche tout ce que deviennent les choses et où elles passent, je demande un peu comment la racine a pu se nourrir de phosphore dans la terre ! Les allumettes servent de mort aux rats, donc le phosphore empoisonne! Il devrait faire mourir les herbes? ou même les vaches qui mangent l'herbe? ou nuire à la qualité de leur lait, tout au moins ! !

M. Klein. — Tu as raison et tort en même temps, Zoé! Les plantes vivent le plus souvent de sels et de gaz contenus dans l'air et l'eau, qui seraient des poisons pour les animaux, — mais tu oublies la transformation ! ! « La vie de la plante telle que nous sommes en état de l'expliquer, dit un célèbre botaniste allemand (1), consiste dans la transformation d'éléments inorganiques en *substance organisée.* » — Le carbone, que l'on doit considérer comme étant enlevé à la composition de l'air atmosphérique, entre en moyenne pour moitié dans la composition du bois; — si bien qu'un hectare de forêt enlève à l'atmosphère environ de 15 à 1,800 kil. de charbon dans une année; un champ de blé produit environ 2,288 kil. pour le même espace de terrain, et dans un terrain meilleur, un hectare de luzerne ou de trèfle a donné le chiffre considérable de 6,235 kil.! Cependant le blé se convertit en pain, la prairie en fourrage, et de part et d'autre les hommes et les bêtes y puisent des aliments salubres, bien que l'acide carbonique soit pour eux un poison s'ils l'absorbaient *directement* (2).

ETIENNE. — Ainsi donc, l'air, on peut le dire, traverse la plante pour s'y purifier ? Il y entre et il en sort ? — Mais si elle donne tout ce qu'elle a

(1) Schleiden.
(2) M. Chevandier a calculé l'action des forêts sur l'atmosphère d'après leur rendement moyen et la composition chimique du bois. Selon lui, la colonne d'air qui repose sur un hectare de forêt contient dans toute sa hauteur 16,900 k. de carbone dissous dans l'oxygène et passé à l'état d'acide carbonique. — A toutes les époques de la nature, une partie du charbon contenu dans l'atmosphère a été mise en réserve par les végétaux. (H. Lecoq, *Géographie botan.*, t. Ier, p. 94-97.)

reçu, monsieur, comment se fait-il qu'elle pousse?

M. KLEIN. — Tu le dis toi-même, fils, c'est qu'elle ne donne pas *tout* ce qu'elle a reçu, voilà tout, — et c'est la différence qui la fait s'accroître ! Je voudrais vous faire sentir et admirer avec moi, mes enfants, la beauté de ces merveilles, car je ne sais comment sont bâtis les gens qui peuvent les contempler d'un œil indifférent ! La *vie*, répandue dans le monde, s'équilibre par les lois du divin amour, de l'universelle harmonie! Si les feuilles décomposent l'*acide carbonique* et rejettent de l'oxygène à la lumière solaire, elles produisent un effet inverse pendant l'obscurité, puisqu'elles inspirent alors de l'oygène qui, en se combinant avec leur carbone, donne lieu à une production et à une expiration d'acide carbonique (Duchartre). Ce qui vous explique comment les arbres grandissent moins la nuit que le jour, puisqu'ils fixent moins de carbone (1). — Ainsi la nature végétale recouvre le sol, *épure* l'air et prépare la nourriture des animaux, — tout cela *à la fois !* sous le soleil et devant les hommes qui ne la regardent seulement pas ! Est-ce une besogne assez habile, assez sublime ! et ne sommes-

___

(1) Pour le laurier-rose, la décomposition diurne d'acide carbonique s'élève en moyenne à 1 *litre* 108 par mètre carré de surface foliacée ; dans l'obscurité, à 0 litre 07 seulement. Aussi 30 minutes d'insolation suffisent souvent dans la matinée pour qu'une plante efface les pertes qu'elle a subies pendant toute la nuit. (Duchartre, *Botan. physiologique*, p. 213 et 229.)

nous pas tous des lâches et des ingrats d'en profiter sans y faire attention!

ÉTIENNE. — On peut le dire, — nous avons à en apprendre, et nous ne sommes pas au bout!
— Monsieur, ce que je ne comprends pas dans la chimie, c'est qu'on aille chercher l'air en haut des arbres d'une forêt pour savoir ce que la feuille en dévore! Il faudrait être oiseau! Comment font les savants?

M. KLEIN. — Oh, ce n'est pas commode! Ces messieurs inventent des procédés magnifiques pour leurs expériences; — ils opèrent sur des tiges plongées dans l'eau; ou quelquefois sur la nature même, quand cela se peut, pour éviter de détacher le rameau vivant; — au soleil, ou la nuit, et même sous l'eau, pour les plantes aquatiques! D'illustres voyageurs ont étudié la nature de l'air, sa qualité, sa chaleur, sur les plus hautes montagnes! — Rien ne les arrête! ni les neiges des Alpes, ni la traversée des mers! La composition de l'air ne varie pas sensiblement avec l'élévation, sur toutes les parties de la terre accessibles aux plantes — mais la température diminue, et la clarté augmente, en raison de l'altitude. Par ces observations, la *géographie botanique* se trouve déterminée, avec les conditions qui favorisent telle ou telle culture. Je pense inutile de vous démontrer, mes amis, l'importance de ces recherches. Par toute la terre on a faim, on mange! et le commerce et l'industrie font profiter les différentes contrées des produits naturels à chacune d'elles. Il est donc indispensable de savoir ce qu'on *doit* cultiver ici ou là.

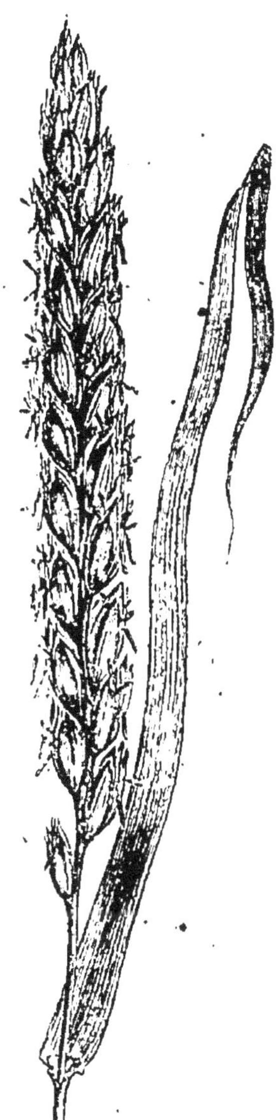

Fig. 23. — Epi de blé.

MADELEINE. — Le sucre ne pousse pas dans tous les pays, monsieur le maître! — mais le blé, je suppose, se récolte sur la terre entière! Les hommes, en voyageant, en auront semé partout!

M. KLEIN. — Sans doute! partout où le climat est favorable à son développement — car on ne peut rien contre la nature. L'homme qui se dit roi lui obéit, et c'est ce qu'il a de mieux à faire. Il sème donc les graines où elles *peuvent* pousser, pas ailleurs. Aussi l'origine des espèces se perd, s'efface; on ne connaît pas plus aujourd'hui la véritable patrie du blé (fig. 23 et 24 1°), du seigle (fig. 24 2°), que celle du coquelicot et du bluet qui fleurissent au milieu de nos champs (Lecoq)! Mais on a appris que toute plante cultivée a besoin, pour son développement, d'une certaine somme de chaleur (1), et qu'il est indifférent que cette chaleur se répartisse sur une durée de temps *plus* ou *moins* longue! Ainsi, par exemple, prenons l'orge, qu'on sème en Égypte sur les bords du Nil, à la fin de novembre, et qu'on y récolte à la fin de février : — le temps de sa végétation ne dure par conséquent, dans ce pays-là, que 90 jours (sous une température moyenne de 21°). A Santa-Fé de Bogota, à l'autre bout du monde, avec une température moyenne de 14° 7, on compte, entre la semaille et la récolte, 122 jours. Plus de temps et moins de chaleur — cela

Fig. 24.

1° Épi de blé. — 2° Épi de seigle.

(1) Le blé, le lin, le seigle, l'avoine sont peut-être des espèces de notre création qui, soumises depuis très-longtemps aux mêmes conditions d'existence, semblent avoir acquis l'habitude et la stabilité (Henri Lecoq, *Géographie botanique*, tom. I, p. 184.)

revient au même. Mais dès que la température moyenne descend au-dessous de 8°, ou s'élève au dessus de 22°, l'orge ne mûrit plus! Je vous cite cette denrée parce que, de toutes les céréales, elle est la plus répandue. On la cultive depuis les limites de la culture en Laponie jusqu'aux montagnes de l'Équateur (Schleiden).

THÉRÈSE. — Oh, mon Dieu, la Laponie, c'est le pays où il y fait si froid! le pays des traîneaux... sans doute on n'y fait point du pain de blé?

M. KLEIN. — Eh! c'est parce qu'ils n'ont pas de blé que l'orge leur est si précieux dans ces parages! « Dans la Laponie et le nord de l'Asie, le seigle se montre déjà à côté de l'orge — mais plus dépendant de la température, il n'est pas considéré comme la nourriture principale. Ce n'est que dans la Norvége, la Suède, la Finlande et la Russie qu'on en fait du pain. Dans le nord de l'Angleterre et de l'Allemagne, on joint le froment au seigle, comme on joint le seigle à l'orge dans les pays encore plus septentrionaux. Au centre de l'Allemagne, dans le sud de l'Angleterre, dans toute notre France et dans une grande partie du Levant, le froment devient la céréale dominante (Schleiden). »

ÉTIENNE. — Et le blé de Turquie, monsieur, le *maïs*, où est-ce que cela se cultive en majeure partie?

M. KLEIN. — Mais le long du bassin de la Méditerranée — par toute l'Amérique septentrionale (1)! Le *maïs* est souvent la ressource principale dans certaines régions, comme le *riz* dans l'Égypte et dans l'Inde. Et toutes ces plantes-là, notons-le bien, sont de la même famille des *graminées*, et font partie de ces espèces *sociales* qu'on a comparées aux paysans du règne végétal, à cause de leur vigueur et de leur résistance. Sans *graminées*, il n'y aurait pas de sociétés humaines — car ce qui fait la tranquillité et la sécurité des hommes, c'est leur nourriture assurée.

ÉTIENNE. — Et c'est aussi leur travail, à mon sens : car s'il fallait attendre que le pain vous vienne à la bouche tout cuit, n'est-ce pas? monsieur, on serait exposé à attendre longtemps!

M. KLEIN. — Ah, mon ami, la force du poignet est tout, quand elle se met au service de l'idée! L'homme améliore la terre et les espèces par son travail; il en crée même de nouvelles selon ses besoins; mais tous ces beaux résultats ne l'autorisent pas à se dire *roi*, dans son orgueil, car sans la Nature qui lui met sur sa route les plantes utiles, il resterait un pauvre être faible et sans défense! Je ne nie pas l'importance de son action sur la nature; — c'est la culture, on le sait bien, le travail de l'homme, qui a converti les plantes sau-

(1) Le blé de Turquie. ou *maïs*, est originaire d'Amérique. C'était l'aliment des anciens Mexicains. Il n'est connu en Europe que depuis la conquête de Fernand Cortès. Introduit en Espagne, il s'est propagé dans l'Orient par les Maures et il nous en est revenu avec son nouveau nom. (Ed. Guillemin-Tarayre.)

vages en végétaux comestibles; mais je constate son ingratitude envers les forces qu'il dédaigne, parce qu'il les ignore. Ainsi les plantes voyagent — le savons-nous? leurs espèces, disséminées par le vent, se répandent de près ou de loin sur de vastes pays. Leurs graines s'envolent et traversent des distances énormes; beaucoup d'entre elles — et nous en verrons — sont pourvues de vraies plumes; elles ont donc des ailes comme les petits oiseaux. D'ailleurs les oiseaux eux-mêmes, nos excellents amis, se nourrissent de graines et les font voyager par delà les mers.

THÉRÈSE. — Comment, monsieur, est-ce que les oiseaux emportent les graines dans leur bec pour les semer?

M. KLEIN. — Dans leur bec et dans leur estomac, ma chère amie! où elles peuvent rester plusieurs jours sans perdre de leurs facultés germinatives : au contraire! elles n'en poussent que mieux. Il est des oiseaux qui, en quatre heures, traversent la France tout entière : ce sont des messagers plus rapides que le vent! car une graine plumeuse, emportée par la plus violente tempête, ne peut jamais être chassée avec une vitesse de plus de 30 lieues à l'heure. Ainsi se font au loin des semailles improvisées, qui peuvent changer l'aspect général et les produits d'une contrée!

Mais il y a tant et tant de choses auxquelles on a l'habitude de ne pas penser, — la pluie, le vent, les oiseaux, les fleurs! C'est effrayant avec quelle tranquillité et quelle ignorance on passe dans ce monde à côté du bien et du mal sans y arrêter, son esprit! tandis que la moindre réflexion, à l'occasion d'un brin d'herbe, peut nous conduire, vous le voyez, mes amis, à glorifier cet auteur de toute vie, dont la bonté forme et nourrit le monde!

CHAPITRE III

LA FEUILLE UTILE A TOUT

Les végétaux sont des créatures très-laborieuses et très-diligentes.

(DE MARTIUS.)

LE DOCTEUR. — Ainsi donc, mon cher Klein, cela les intéresse? ils y prennent goût, nos amateurs de jardinage?

M. KLEIN. — Ah, monsieur! si on les écoutait, il ne serait plus question d'autre chose! Votre grande carte de la *France agricole* achève de monter les idées : tous mes élèves veulent connaître les différentes zones de culture; où s'arrête l'olivier, la vigne; ils raisonnent sur l'altitude de nos plateaux   encore un peu et ils ne confondront plus nos bassins les uns avec les autres! C'est admirable comme un peu de botanique fait retenir la géographie!

LE DOCTEUR. — Du moment que le regard s'en mêle, c'est le souverain professeur : il prouve la supériorité de l'enseignement par l'aspect! et pour le coup, mon ami, vos respectables dictionnaires doivent baisser pavillon devant dame Nature! La plus savante description des pétales d'une rose vaudra-t-elle jamais cette belle fleur que je viens d'attacher à ma boutonnière!... Et vos demoiselles sont-elles attentives à la leçon?

M. KLEIN. — Plus que toute la bande, monsieur. Elles ne laissent pas passer une seule difficulté sans vouloir éclaircir leurs doutes; elles ont beaucoup de mémoire, et même du discernement.

LE DOCTEUR. — Parbleu! ne dirait-on pas que les filles sont inférieures aux garçons! On n'ose plus le prétendre; au moins, la chose ne se soutient plus au grand jour. Cependant je ne vous le cache pas : votre cours offre un danger. En étudiant la vie végétale, la géographie des plantes, vous avez pu vous passer, à la rigueur, de termes techniques; mais, arrivés à la classification des végétaux, comment allez-vous faire pour ne parler ni grec ni latin? et pour être compris?

M. KLEIN. — C'est bien mon embarras, monsieur! ces enfants-là ne sauront de leur vie le mal qu'ils me donnent. En zoologie, cela va encore : un chat est un chat; mais en botanique!

LE DOCTEUR. — Vous n'avez qu'un moyen de vous en tirer, mon ami : par l'analyse immédiate des végétaux de la contrée! Dans le bois, dans le pré, promenez-vous avec l'école; les échantillons abondent à chaque pas. De toutes vos causeries, d'ailleurs, il ne doit rester qu'une idée générale des choses, un vif amour de la nature et l'habitude.

de l'observation. Si vous aviez la plus légère pré-
tention de faire de vos enfants des botanistes...
ce serait une plaisanterie !

M. KLEIN. — Hélas, je le sais, monsieur ; et la
seule étude d'une famille exige la vie d'un savant !

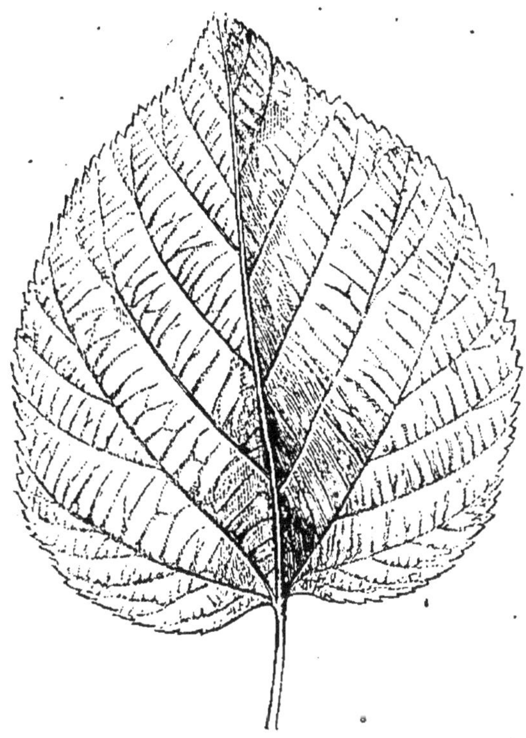

Fig. 25. — Feuille simple (Tilleul).

— Toute mon ambition se borne à leur faire faire
un herbier des plantes usuelles. Nous allons d'a-
bord examiner la forme et le tissu des feuilles de
nos arbres : j'en ai demandé pour la première
séance de toutes les qualités, arbres fruitiers et
autres... On est en campagne !

Le Docteur. — Diable! cela peut vous mener loin, très-loin même! Tenez-vous dans les généralités, mon cher, croyez-moi, ou vous serez perdu! Les enfants sont d'éternels questionneurs, vous le savez mieux que moi; et d'ailleurs ils ont raison! c'est leur métier d'interroger. Soyons là pour leur répondre, pièces en mains. Les feuilles sont différentes entre elles par leurs formes? eh bien, procédez par comparaison. La feuille de *tilleul* (fig. 25) est *simple;* celle d'*acacia* est *composée :* est-il besoin de le démontrer? Montrez-le ; cela vaudra mieux. Qu'on regarde, et l'on verra l'une faite d'une pièce et l'autre d'un grand nombre de folioles (fig. 26). Cette dernière observation

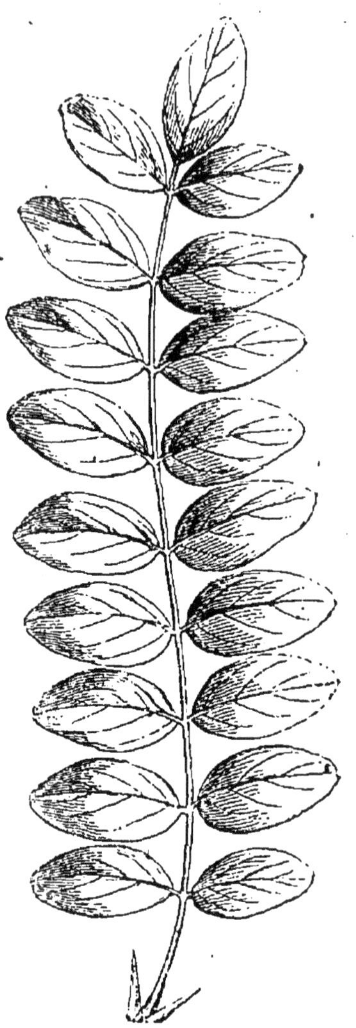

Fig. 26. — Feuille composée (Acacia-Robinia).

vous oblige à remarquer les moyens, variés à l'infini, qu'emploie la plante pour développer ses organes respiratoires. Quant aux expressions employées par les traités de botanique, très-bien faits la plupart du temps, passez-vous-en tant que vous pouvez! La nature ne peut se décrire et toute langue est inhabile à suppléer le charme de sa vue! Seulement dites et redites, mon brave ami, que la plante se refait toujours dans des formes déterminées; car on ne trouve jamais les feuilles *pennées* de l'acacia sur un tilleul, par exemple! Chaque espèce

Fig. 27. — Feuille sessile (Lin).

se maintient; et la feuille de tilleul reste fidèle à son type et montée sur un mince filet qui la rattache à la tige. Annoncez encore, si vous voulez, que ce filet se nomme *pétiole;* que la partie étalée de là feuille est le *limbe...* Mais halte là! Ne vous lancez pas dans les caprices de la feuille, ni dans l'énoncé de ses bizarres aspects! Si l'élève réclame, contentez son envie en lui montrant le *lin* dont la feuille est *sessile* (fig. 27) et privée de pétiole par conséquent; — montrez-lui la feuille *ovale* dans le mouron des oiseaux; — *lancéolée*, c'est-à-dire en fer de lance, dans le pêcher; — *linéaire* dans la plupart des *graminées;* — *subulée* dans le sapin; — *aiguë* dans le laurier-rose; — *piquante* dans le houx. — Tous ces termes sont d'une application facile! Les feuilles du châtaignier (fig. 28) sont *dentées*; celles du chêne sont plus profondément *lobées*.

En citant la feuille *digitée* du chanvre, étendez les doigts de la main pour y joindre la définition du mot; puis vous comparez la feuille du trèfle, qui forme trois folioles, avec celle du chanvre (fig. 29) et du marronnier d'Inde, qui en forment sept. Tout cela est clair! et simple!

M. KLEIN. — Il est vrai, monsieur, mais dans toutes ces citations on ne sait ou se limiter. La difficulté, à mon sens, dans l'étude de la nature, c'est le choix des exemples. Aussi je suis bien plus à l'aise, je l'avoue, quand je parle en classe, et tous les maîtres en diront autant, s'ils sont sincères. En face d'un ta-

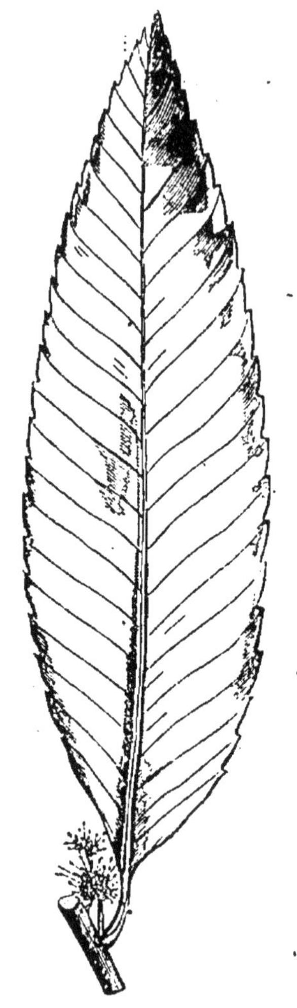

Fig. 28. — Feuille dentée (Châtaignier).

bleau noir, on y écrit ce qu'on veut, tandis que le pré fleuri ne se soucie guère de nos classifications! — mes écoliers non plus. Ils me cueillent pèle-mêle un bouquet de toutes herbes, plus jolies l'une que l'autre; et puis faites une leçon la-dessus avec un peu d'ordre! Il y a de quoi en perdre la tête!

LE DOCTEUR. — Vous êtes trop sage pour vouloir lutter contre ce désordre charmant. Mais, en

Fig. 29. — Feuille digitée (Chanvre).

constatant l'impossibilité de tout savoir, est-ce une raison pour tout ignorer? Oh, que non pas! Allez, mon cher Klein, allez toujours, et droit devant nous! Le monde est grand : la science est éternelle; on y tourne sans trouver le bout; et la grandeur de la recherche fait qu'on repasse mille fois sur les mêmes vérités, sans se lasser de les revoir! Se lasse-t-on de la couleur verte de nos feuillages? Elle est la même partout, cependant ; et un homme des champs ne désirera jamais traverser des prairies bleues ou rouges ; les fleurs, du reste, se chargent de les colorer! Ce qui rend la nature si belle, c'est son harmonie, c'est la juste proportion, la mesure, qui développe et propage la vie. Les hommes seront meilleurs quand ils sauront aimer et admirer la nature ; mais pour aimer, il faut connaître; pour admirer, il faut contempler. Quel monument de la civilisation fut jamais aussi splendide qu'un bel arbre? Cependant nos campagnards le considèrent comme un abri, tout au plus, comme une gêne souvent. Une collection d'arbres donne une ombre merveilleuse et profonde : aucune musique humaine ne parle à l'âme comme le murmure mystérieux du vent dans les branches; et pourtant votre petit Étienne est le seul peut-être qui note cette douceur infinie, sans se l'expliquer.

M. KLEIN.—Oh! c'est un garçon sérieux, celui-là ; il lit, il observe; et, d'un esprit attentif, on tire toujours profit. Une feuille d'arbre plus ou moins grande ne fera pas bien riche en apparence celui qui l'aura étudiée ; et, somme toute, un goût de botaniste sauve pourtant du cabaret !

LE DOCTEUR. — Et puis le sentiment de reconnaissance élève, épure, redresse l'idée! Que ne doit pas à la nature un être jeune et enthousiaste qui la recherche et l'aime! Il se pacifie, il s'équi-

libre à son contact. Je vous engage à insister sur
le chapitre des transformations, — de maître à
écolier le trait porte. La modification incessante
de la plante, dans sa vie cellulaire et collective,
nous donne presque la leçon ! — Dites-le sans
crainte, mon cher Maître ! — Une véritable solidarité unit entre elles toutes les choses créées :
l'animal nourrit la plante, et la plante, qui elle-
même nourrit l'animal, entretient la pureté de l'air.

M. KLEIN. — On a déjà compris les grands phénomènes de la vie végétale, quand j'ai indiqué la
respiration de la feuille, monsieur. Nous savons
que c'est elle qui décompose l'acide carbonique
sous l'influence de la lumière solaire, de manière
à fournir du carbone (charbon) à l'organisme
et à fixer dans ses tissus le principe qui la
colore en *vert*. Toutes les parties vertes des
plantes fixent du carbone et dégagent de l'oxygène ; et quand, à l'automne, les feuilles se déco-
lorent (1), qu'elles pâlissent, qu'elles jaunissent,
c'est parce qu'elles cessent de fabriquer du carbone. Nos enfants savent cela.

LE DOCTEUR. — Eh bien, en voilà des transformations, j'imagine ! quand on meurt, on se transforme ! — Mais nos feuilles, avant de passer à

______

(1) Ce n'est point parce qu'elles sont vertes que les
plantes dégagent de l'oxygène, mais parce qu'elles le deviennent : à l'automne, la chlorophylle disparaît, et les
feuilles jaunissent. (Duchartre, *Botanique physiologique*,
p. 94).

l'état de *feuilles mortes*, ont donné signe de bonne volonté dans toutes les circonstances de leur vie.

Fig. 30. — Transformation des feuilles en vrilles (Pois).

Nous parlions tout à l'heure de la variété d'aspect des feuilles *étalées* du chou, ou *linéaires* des

graminées. Les organes que portent les asperges
et qui autrefois étaient regardées comme des
feuilles sont des rameaux. Les feuilles sont les petites écailles qui se touvent à la base, très-différentes les unes des autres, vous m'avouerez; ce
n'est pourtant rien encore. On a dit que l'arbre
entier n'était qu'une feuille. — C'est une façon de
parler. En tout cas, la *vrille* de la vigne, du pois
(fig. 30) roulée en spirale, n'est qu'une feuille modifiée. Certaines *épines* des tiges ou des branches
sont encore des feuilles; je vous citerais bien des
exemples d'arbres qui en sont hérissés. Enfin la
fleur elle-même, nous le savons bien, la fleur de
la plante n'est autre chose qu'un ensemble de
feuilles utilisées pour la reproduction.

M. KLEIN. — Ah! on peut le dire, la feuille est
utile à tout! mais ces beaux mystères-là ne sont
pas assez connus, monsieur; et convenez pourtant qu'il y a plaisir à les enseigner! à vanter la
bonté divine et la beauté de la création!

LE DOCTEUR. — Faites aussi observer à votre
petit monde le *sommeil* des feuilles : il est même
facile de suivre leurs mouvements à heure fixe —
à l'approche de la nuit : surtout les feuilles composées de l'*acacia*, de la *luzerne*! Ce beau phénomène se rattache à l'influence de la lumière solaire sur les végétaux. Rien de plus intéressant, et
ce sont les feuilles qui en témoignent : car l'action de la lumière est presque aussi puissante sur
leur développement que l'action de la chaleur.

Voyez les différents degrés de coloration des feuilles de nos arbres : « jaunes quand elles sont jeunes, elles offrent graduellement des teintes de vert presque proportionnelles à leur éclairement — car la lumière agit principalement sur les couleurs ; et les arbres à feuilles coriaces, foncées et luisantes, se trouvent dans les lieux les plus éclairés et les plus élevés. » (Lecoq.)

M. KLEIN. — Sans doute, et dans nos champs, la décoloration des tiges s'accorde avec la maturité du grain ; un simple coup d'œil, jeté sur les moissons, indique si elles sont dorées, bonnes à couper. — Tout aussi bien dans le bois, la couleur du feuillage marque l'époque de l'année. En quinze jours un paysage change d'aspect !

Le DOCTEUR. — Et si grande que soit la forêt, si vaste que soit la plaine, c'est à la feuille qu'elles doivent verdure et produit. Avec du charbon, de l'eau, de l'air, la feuille a construit le bois de l'arbre : elle a formé les tissus des plantes ; elle a absorbé les gommes, les sucres, les fécules ; elle a préparé ces graines, ces fruits, ces fleurs, ces parfums qui vont nourrir les abeilles et les hommes. Bien plus ! la nature ayant élaboré toutes choses dans son admirable usine, la science arrive et s'efforce d'utiliser les vertus miraculeuses des herbes. Petit à petit on sait employer dans la médecine ces familles terribles de nos grands poisons végétaux : les *solanées*, dont les fruits sont presque tous de violents narcotiques et causent un délire maniaque — or, le *datura*, la *jusquiame*, la *belladone* sont des solanées! — et dosées par la pharmacie, combien de douleurs ces plantes ont calmées! Mais il faut administrer avec connaissance de cause. Il en est de même du pavot, qui donne l'*opium* — car le pavot de nos pays n'est pas inoffensif, et je le bannis de toutes les tisanes. On empoisonne très-bien un pauvre petit enfant avec une tête de pavot! Il faut savoir cela et se tenir sur ses gardes!

M. KLEIN. — Monsieur! je n'espère pas arriver à établir, même en abrégé, une classification quelconque : cependant, ne pourrait-on signaler aux populations ces fameuses plantes malfaisantes, pour engager les ignorants à s'en défier? pour en préserver, à tout le moins, les enfants? noter d'abord le danger du *suc laiteux* des plantes, si commun dans les euphorbes, et dont les sauvages, dit-on, empoisonnent l'extrémité de leur flèches?

LE DOCTEUR. — J'ai quelques notes à ce sujet, mon brave ami : et puisque vous ne redoutez jamais d'étendre le programme de votre enseignement, je vous apporterai un matin ce petit travail. Il est très-élémentaire, bien entendu! Vous faites du jardinage ici, et pendant ce temps, à Paris, je jardine dans les livres ; et quand on se met à élaguer, vous le savez, on se pique les doigts aux épines! Je ne vous réponds pas de les avoir enlevées toutes! — Au revoir.

CHAPITRE IV

DE LA CHAIR, C'EST DE L'HERBE

> Le nuage donne l'eau à la forêt : la forêt
> crée le nuage.....
>
> (GRIMARD, *la Plante*.)

LE DOCTEUR. — Oui, oui ! tu peux chercher, Madelinette ! je te permets d'essayer. Tu ne viendras jamais à bout d'ajuster exactement deux feuilles l'une sur l'autre ! On n'en a jamais vu deux pareilles sur le même arbre ! A plus forte raison, il faut désespérer d'en rencontrer de semblables sur deux arbres d'espèces différentes ; car la feuille d'un chêne et la feuille d'un saule ne se ressemblent ni de forme ni de couleur ! Tout est différent dans la nature, mes enfants, et la différence des objets crée leur harmonie, leur beauté.

THÉRÈSE. — Oh, bien sûr ! il faut que cela soit comme cela est. Pourtant, monsieur, par la culture on change tout, quelquefois ! Les fruits s'adoucissent, les arbres viennent plus droits, par quenouilles d'espaliers. Dans vos grands parcs de Paris, vous avez des plantes rares d'Asie, des herbes magnifiques, n'est-ce pas ?

LE DOCTEUR. — Sans doute, Thérèse ; nos horticulteurs obtiennent de vraies merveilles, et nous leur devons les plus vifs éloges. Un grand nombre de plantes améliorées, d'arbres exotiques embellissent nos parterres — on multiplie sur nos marchés les fleurs les plus jolies, et le goût s'en répand : à Paris tout le monde a des fleurs... Mais vous seriez dans l'erreur, mes bons amis, si vous croyiez que les formes et les espèces se changent ainsi à plaisir ! Malgré les modifications obtenues, nos lois naturelles restent immuables et les végétaux cultivés tendent à revenir (1) à leur point de départ.

ETIENNE. —Monsieur, si c'est un effet de votre complaisance, voilà ce que je ne comprends pas ! Sitôt qu'un écolier met le nez dans les livres, on lui dit : « Rien n'est impossible à l'homme ; il a renouvelé la face de la terre, il est le roi de la nature et tout lui est soumis. » D'autre part, nous savons tous que Dieu a fait le monde en six jours, puisque le septième il s'est reposé. A mon sens, ces choses-là se contredisent, et je ne saisis pas comment le travail des hommes a le pouvoir de détruire l'œuvre de la Divinité !

LE DOCTEUR. — Ta réflexion, mon brave enfant, dénote un esprit sérieux : détruire la création

(1)..... Pourvu, toutefois, que nous leur continuions nos soins, car, si nous les abandonnons, elles dégénèrent très-promptement et retournent aux types sauvages dont nous avons pu momentanément ébranler la stabilité, sans pouvoir leur communiquer une habitude nouvelle. (Henri Lecoq, *de l'Hybridation*.)

Fig. 31. — Ortie blanche.

est un crime, en effet ; l'employer avec profit est, au contraire, un devoir. Mais on n'utilise que ce que l'on connaît. Votre excellent maître vous donne de temps en temps quelques petites leçons de botanique et vous appréciez de plus en plus l'inflexible loi de la vie. Cette loi est si belle qu'elle devrait nous remplir l'âme de reconnaissance et l'esprit d'admiration. Ainsi, par exemple, je parie à coup sûr que pas un d'entre vous ne me trouvera une ortie blanche (1) (fig. 31) qui n'ait pas ses feuilles attachées deux par deux le long de la tige, comme celle-ci ! car les feuilles *opposées* forment le caractère principal de cette espèce de plantes, et se retrouvent de même dans toute la famille des *labiées*, à laquelle l'ortie blanche (ou lamier) appartient.

Etienne. — Et en outre, monsieur, j'ai souvent remarqué comment ces feuilles-là s'en vont par paires, en se croisant toujours de bas en haut, sans y manquer !

Le Docteur. — Mon ami, si tu as remarqué cette feuille d'ortie blanche, te voilà aussi savant que moi et que bien d'autres. Le tout, dans la nature, est de savoir regarder. Un homme qui sait voir vaut dix aveugles et même cent : le plus aveugle, d'ailleurs, est celui qui s'obstine à fermer les yeux. Mais dès qu'on a observé une branche, on en observe une autre, puis une autre. On com-

(1) Qu'il ne faut pas confondre avec l'*ortie brûlante* (urtica urens), de la famille des *Urticées*. (De Candolle.)

pare, on étudie, donc on admire! Et du moment qu'on admire, tout est sauvé!

THÉRÈSE. — Cependant monsieur, quand bien même on le voudrait, personne ne peut connaître la grandeur et la position de toutes les feuilles du bois, une à une et toutes ensemble? Il faudrait une patience de saint!

LE DOCTEUR. — Tu vois bien que non; car cette disposition des feuilles est en même temps très-variée et pourtant constante! Dorénavant, chaque fois que tu apercevras des feuilles *opposées* sur une tige quelconque, tu penseras à la grande ortie, à la famille très-nombreuse des *labiées* : — les *sauges*, le *serpolet*, le *romarin*, l'*hysope*, la *germandrée* : oh! il n'en manque pas qui ont des feuilles opposées : car les *labiées* ont toutes leurs feuilles opposées. Ce caractère une fois admis, on le vérifie en passant, c'est bientôt fait! puis on s'arrête à un autre. Le plus souvent, les feuilles sont échelonnées en *alternant* le long de la tige. Voyez plutôt, mes amis, sur ce rameau d'*orme* (fig. 32). N'est-il pas très-différent de la tige d'ortie?

MADELEINE. — Tiens! c'est vrai! je n'y avais pas encore pris garde! Les feuilles de cet arbre-là se suivent les unes après les autres et ne se joignent point. Mais je ne vois pas, monsieur, ce qu'elles ont de plus beau? C'est toujours des feuilles.

LE DOCTEUR. — Enfants! écoutez-moi bien!

Que les feuilles soient rangées deux par deux ou
trois par trois ; qu'elles se balancent au bout de
longs pétioles·flexibles comme celles de *tilleul*, de
peuplier ; ou qu'elles soient attachées plus près

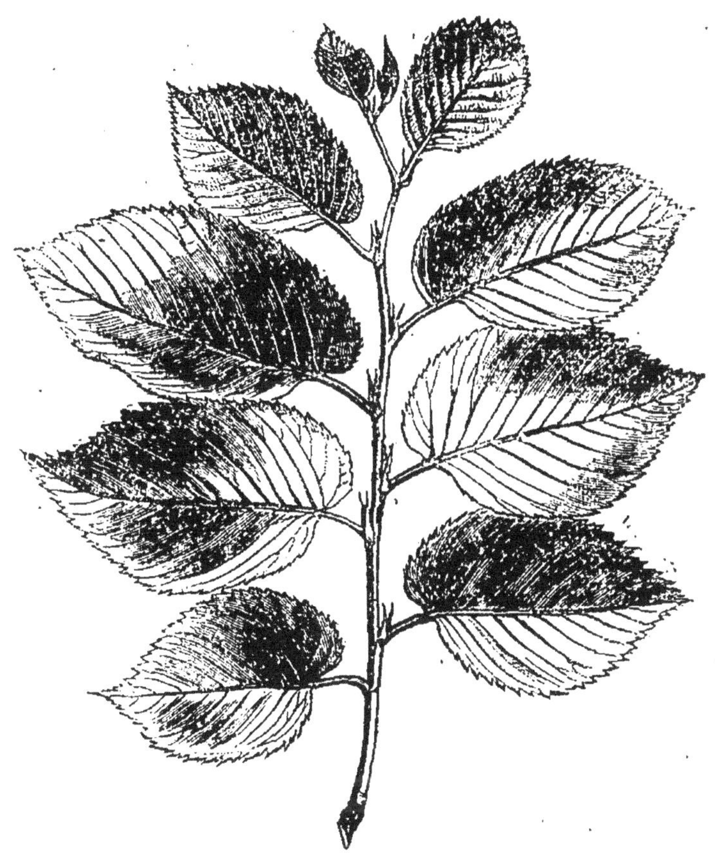

Fig. 32. — Branche d'Orme (feuilles alternes).

de la branche, comme dans le laurier-rose : ce
n'est pas leur plus ou moins de grâce que je vous
signale. Mais la fixité de l'espèce, qui se détermine
à croître en adoptant un même type,.est digne de
tout notre respect. Sur cette branche *d'orme*

et sur les branches de tous les ormes, vous trouverez·les feuilles *alternes* et disposées autour du rameau qui les porte, si bien et de telle

Fig. 33. — Rameau de Pêcher.

façon, que la troisième feuille reprend *fidèlement* la même position que la première, par rapport au rameau. On·appelle cela la *spirale* ou le *cycle* adopté par les feuilles. Et notre surprise augmente lorsque nous voyons tous les arbres fidèles à la loi qui les constitue et qui les forme! Dans le Pêcher (fig. 33 et 34), l'*amandier*, la *ronce*, c'est la sixième feuille qui est superposée à la première et par conséquent la spirale, qui va de l'une à l'autre, rencontre cinq feuilles (1)... Donc ces feuilles ne sont pas jetées au hasard, comme on l'a dit souvent: — elles obéissent à la sublime loi de nature, par laquelle tout en ce monde est équilibré, pour maintenir la vie!

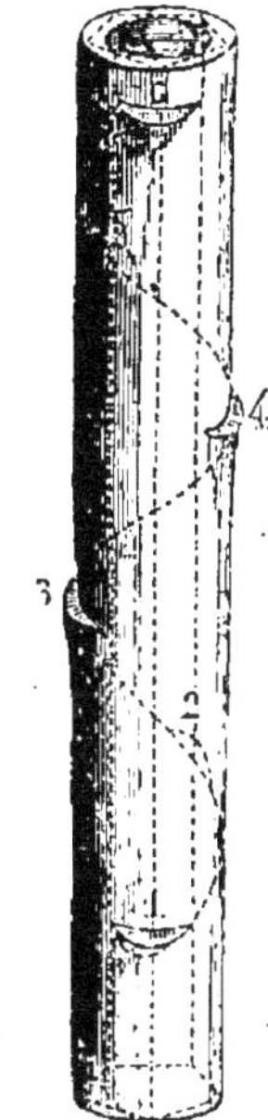

Fig. 34. — Insertion des feuilles sur un rameau de Pêcher.

THÉRÈSE. — Oh! voilà qui est particulier! On compte ainsi l'attache des feuilles et on la suppose? Pour lors, il n'est pas besoin de les nombrer une à une : cela n'en finirait plus!

LE DOCTEUR. — Non-seulement cela n'en finirait plus, ma chère fille, mais cela ne servirait à rien! Par la science de l'observation, chaque jour on étudie ces merveilles avec une certitude plus rigoureuse. Tous nos arbres, vous le savez, naissent d'une graine fendue et tous, de même, arbres des grandes forêts ou des pentes de montagnes, c'est-à-dire les châtaigniers et les chênes, les ormes, les charmes, les hêtres, aussi bien que les

(1) *Éléments de botan.* de Duchartre, p. 373.

saules, les bouleaux, les aunes (fig. 35 et 36) et les peupliers, tous ont leurs feuilles *alternées* et jamais *opposées* !

ETIENNE. — Je ne dis pas, monsieur, et certes

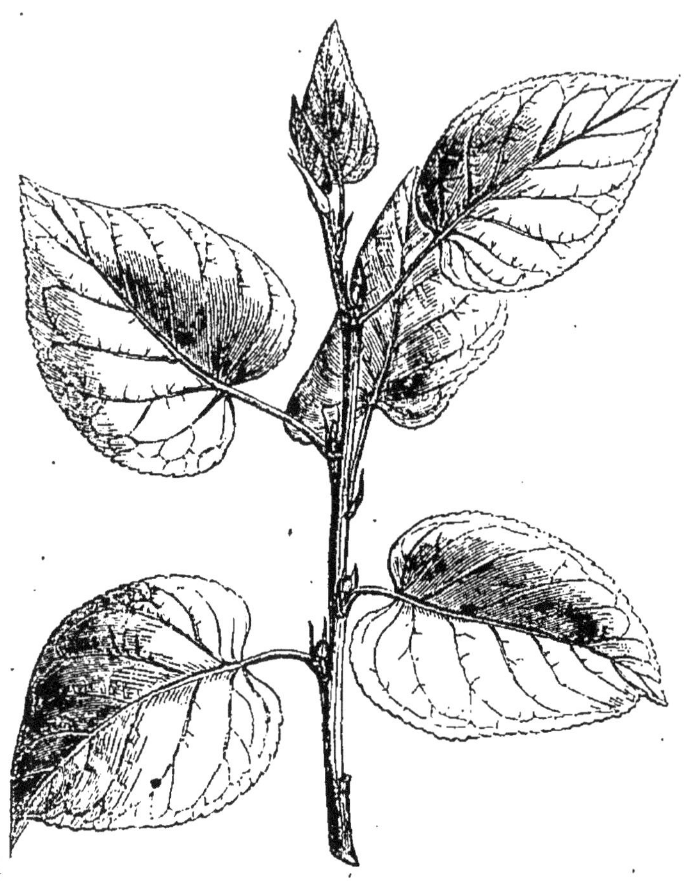

Fig. 35. — Rameau d'Aune.

c'est bien beau de trouver tout cela ; cependant, tant qu'on ne saura pas pourquoi les choses sont ainsi faites, croyez-vous qu'on en soit plus avancé?

LE DOCTEUR. — Belle question ! Si notre inté-rêt consiste dans l'observation des lois de la nature, nous ne pouvons nous dispenser, sans folie, de chercher à les connaître? car on n'observe que ce qu'on sait! N'est-il pas impossible à toute créature humaine de vivre sans respirer ou sans manger? de séjourner sous l'eau sans s'y noyer?

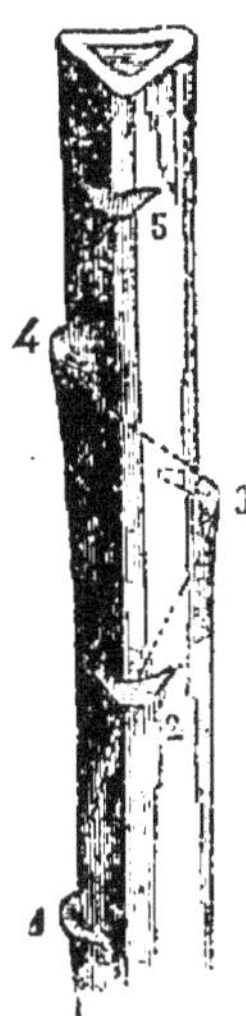

Fig. 36. — Insertion des feuilles sur un rameau d'Aune.

de traverser le feu sans se brûler? La physique ou la chimie ont été inutiles pour vous apprendre que le feu brûle, que l'eau mouille, et votre expérience vous a suffi, je le veux bien! mais d'autres vérités tout aussi incontestables doivent vous être enseignées, mes amis, afin que vous cessiez de violer la loi divine, comme vous le faites chaque jour.

THÉRÈSE. — Pardonnez-moi, monsieur; mais je ne comprends plus du tout vos raisons. La loi de la vie ne saurait être la même pour les feuilles et pour les personnes. Vous indiquez souvent ce qui conserve la santé ; mais quand nous saurons où se place la feuille, ronde ou pointue, en biais ou par côté sur la tige, cela nous empêchera-t-il de devenir malades? Le vieux garde Marcel dit toujours à maman : « La science, ne se boit point en tisane. »

LE DOCTEUR. — Hé! ma petite Thérèse, tu comprends au contraire très-bien, comme une fille raisonnable, puisque tu veux tirer ton profit de la simple leçon que je vous fais en causant. Retiens donc bien ce que je te dis là ! — tout ce qui croît et se développe sur la terre y vit de l'*air du temps*, parce que l'air contient du charbon. Les feuilles des plantes, qui font de la haute chimie (1), absorbent ce charbon (carbone) et le gardent dans le bois, dans l'herbe, etc. Arrive un lion du désert qui a grand'faim et qui dévore une gazelle. La chair de la gazelle contient du charbon, car les plantes de la prairie, dont elle s'est nourrie, sont de véritables magasins où s'accumulent les éléments fournis par l'*air* et par le *sol*. Les hommes ne sont pas positivement des bêtes féroces, mais ils font la même chose que le lion. Toi aussi, Madeleine, chaque fois que tu manges un des lapins que tu élèves, tu te nourris indirectement des feuilles de choux de ton jardin. La chair de la gazelle, la chair du lapin, sont faites du charbon puisé dans l'air par les plantes. Vous voyez, mes amis, combien l'histoire des feuilles nous intéresse, combien la vie des végétaux est liée à celle des animaux, qu'elle assure et prépare.

ÉTIENNE. — C'est bizarre tout de même, monsieur ! Il nous faut des aliments qui contien-

---

(1) Quels que soient les végétaux que l'on étudie, depuis les majestueux palmiers jusqu'aux mousses les plus humbles, le charbon est la base de tous les organes, le résidu, le résultat final de toute végétation... Ces fleurs si belles, ces fruits si curieux offrant toutes les saveurs, ces semences ailées qui voyagent dans les airs, ne sont formés que d'eau et de charbon. (Henri Lecoq, *Migration du carbone*.)

nent du charbon, cela nous fait vivre ! et puis la vapeur d'un fourneau de charbon nous fait mourir ?

LE DOCTEUR. — Par la raison que ce n'est pas du tout la même chose ! Le carbone n'est pas de l'acide carbonique; un instant , ne confondons pas ! Seulement il sert à en fabriquer. L'homme, comme les animaux, il ne faut pas l'oublier, est une machine productive d'acide carbonique, un foyer qui brûle continuellement du charbon et dont la production, commençant à sa naissance, continue sans interruption jusqu'à la mort (1). M. Klein du reste a dû vous dire tout cela ?

THÉRÈSE. — Oh oui, monsieur ! il nous a dit qu'on vit même de ce qu'on ne mange pas.

LE DOCTEUR. — Hommes et plantes, bêtes et gens vivent d'air, voilà la vérité. La chair de l'animal se fait d'herbe, et la végétation s'empare de tout ce que la respiration animale abandonne. Une vache, nous dit-on, rend à l'air environ 6 kil. d'acide carbonique par sa respiration, en vingt-quatre heures de temps. En tenant compte de tout le bétail dont on dispose en ce monde, des animaux sau-

---

(1) Par le phénomène de la respiration, le corps d'un homme adulte perd journellement au moins 0 kil. 250 de carbone, donnant lieu à la production d'environ 1 kilog. d'acide carbonique, qui est rejeté : chez la vache et le cheval, la quantité de carbone brûlé s'élève de 2 à 2 kil. 5, et celle d'acide carbonique rendu à l'air en 24 heures, de 6 à 8 kil. (Dr Émile Wolff, *Éléments nutritifs des Plantes*, Bruxelles, librairie de Rozez, 1869.)

vages aussi bien que des animaux domestiques, y compris les oiseaux qui sont innombrables et sans oublier le *Maître* des troupeaux, vous voyez bien, mes enfants, que la production d'*acide carbonique* est considérable et fournit aux plantes de quoi se développer ! car on compte en moyenne 200 millions de tonnes (de 1,000 kilos chacune) de carbone brûlé annuellement sur toute la terre (Leçoq) par la respiration des animaux.

MADELEINE. — Oh bien ! en voilà de la besogne pour les herbes et les forêts, s'il faut qu'elles dévorent tout ce poison-là ! Mais si elles allaient s'arrêter !...

LE DOCTEUR. — N'aie pas peur, ma fillette ! Nos 200,000 espèces de plantes sont à l'œuvre jour et nuit. Elles boivent, elles mangent, elles absorbent; elles nous font un air pur enfin, ce dont nous devons les bénir. Toute maison qui s'abrite auprès des arbres est saine, non pas dans leur ombre immédiate, ce qui n'est pas dépourvu d'inconvénients, mais dans le voisinage de la bonne verdure salubre ! au milieu des bois, on n'est pas mal logé dans une cabane, allez ! Il est rare qu'un pays boisé soit malsain, s'il ne présente pas de marécages, et sa température est toujours plus modérée que celle des pays découverts. Les arbres qui abritent la terre sous leurs branches feuillées, servent d'écrans et comme de parasols contre les grandes chaleurs de l'été ; — en hiver, au contraire, ils s'opposent à l'intensité des gelées.

Leurs feuilles mortes s'entassent, en véritable tapis. — Enfin jamais on n'a froid dans la forêt comme dans la plaine !

ETIENNE. — Ainsi donc, d'après ce que j'entends, tout dépend des feuilles en ce monde, non-seulement la nourriture universelle, mais, on peut le dire, les climats des pays !

LE DOCTEUR. — Sans doute ! et l'on doit y regarder à deux fois avant de couper un arbre, avant de déboiser une contrée ! — L'homme peut faire une route, construire des palais, ou percer les plus hautes montagnes ; mais il ne *fait* pas un vieil arbre ! La nature seule le peut, et l'homme devrait respecter son œuvre. Souvent, au contraire, il dévaste en voulant modifier ! Dans les pays encore incultes, le travailleur arrive, la hache à la main ; cela se comprend, il débute par défricher pour bâtir ! — Il abat la forêt pour tracer des champs ; il nivelle le terrain pour circuler plus à l'aise ! Très-bien ! Au bout de quelque temps, les conditions atmosphériques même se trouvent modifiées. La pluie devient plus fréquente ou plus rare ; le vent souffle et dessèche une contrée primitivement fertile... tout cela pour une forêt que des ignorants ont détruite ! Voyez plutôt la malheureuse Islande ! il y a quelques siècles, le bouleau y formait des forêts épaisses ; il n'y est plus qu'un arbrisseau rabougri ! on y cultivait le seigle (1), et maintenant de

(1) La géologie nous apprend que les climats de l'Eu-

chétives récoltes d'orge (d'été) le plus souvent n'y réussissent point. Oh ! certes, l'homme ne renouvelle pas la face de la terre comme tu disais, Etienne ; mais la misère ou la prospérité des populations résultent de ses actes ; — il y doit songer !

THÉRÈSE — L'Islande ! c'est dans le Nord, ce pays-là ! — Il n'a jamais dû y faire chaud non plus, monsieur, même autrefois ?

LE DOCTEUR. — Les changements survenus dans la végétation se remarquent partout où l'homme a passé, mes amis : le plus grand poète de l'antiquité, Homère, nous le montre assez par ses écrits. Il parle, dans son *Iliade*, des 3,000 juments qui trouvaient à pâturer dans les splendides campagnes de la Grèce ; ces pâturages ont disparu ! comme ont disparu les forêts et les fleuves de la Syrie et de la Perse. L'ardeur du soleil, et surtout le manque d'eau réduisent actuellement à un petit nombre d'hommes les populations de ces belles contrées d'Orient, et la Judée n'est plus qu'un désert, où le peuple juif ne pourrait plus vivre ! D'autres pays, il est vrai, se sont améliorés. — Il y a deux mille ans, la cerise ne mûrissait (1) pas sur les bords du Rhin : et qui ne connaît, de nos jours, le célèbre vin du Rhin ? il se ré-

rope et de beaucoup d'autres parties du globe ont été autrefois très-différents de ce qu'ils sont aujourd'hui. (M. E. Maury, *Géographie physique*, p. 130.)

(1) Schleiden, *la Plante*, 300.

côlte pourtant dans les mêmes contrées où la cerise ne mûrissait pas !

ÉTIENNE. — On pourrait donc, monsieur, apprendre pour ainsi dire l'histoire des peuples et
leurs progrès sur la terre en apprenant la position des plantes, en même temps que leurs formes
et leurs productions ?

LE DOCTEUR. — Toutes les sciences se suivent
et s'enchaînent, mon fils ! On retrouve dans le
passé les stations des populations nomades à l'aide
de telle ou telle herbe modeste. Le savant se dit :
D'où vient-elle ? qui l'a apportée chez nous ? quel
sol lui a servi de patrie ? Et de proche en proche
il trace ainsi, jusqu'en Asie, le chemin de ces bo-
hèmes qui nous sont venus, campant sous la tente :
de ces cosaques qui nous ont envahis. La *jusquiame* noire, le *datura stramonium*, très-redouta-
bles poisons, pénétrèrent en Europe, apportés par
les bohémiens. Ces plantes sont devenues très-
communes dans nos pays et je vous engage à vous
en méfier ! Les prétendus sorciers du moyen âge
savaient utiliser la fameuse *Herbe au diable*
(pomme épineuse) pour endormir les gens, les vo-
ler et même les empoisonner... La médecine mo-
derne l'emploie aussi, mais pour guérir ! ainsi que
bien des plantes de la même famille dont on ne peut
se servir sans danger, quand on est ignorant ! Et
retenez bien ceci, mes chers amis, comme résultat
de notre conversation : impossibilité de connaître
les propriétés médicales des végétaux sans en avoir

fait une étude approfondie ; — folie d'accepter pour un aliment inoffensif une plante quelconque si elle nous cet inconnue ; — devoir, par conséquent, d'étudier sans cesse pour apprécier mieux la nature et sa divine bonté !

CHAPITRE V

LES PLANTES FILEUSES

LE DOCTEUR. — Avouez-le, mes amis, notre leçon du dimanche ne pourra se passer en pleins champs. Il pleut trop fort! mais grâce à M. Klein nous voici à l'abri de l'orage dans sa classe. Que chacun s'asseye donc, et causons tranquillement en laissant tomber la belle ondée qui nous arrose.

Cette occasion, du reste, me permet de parler à tout notre monde, et j'en suis bien aise, enfants et parents réunis. Comme d'habitude, la botanique va nous occuper : mais, non plus, je vous en avertis, l'histoire de nos moissons et de nos bois! Non! ce sera pour un autre jour! Je ne vous dirai rien aujourd'hui de la nécessité de cultiver avec un zèle nouveau pour suivre le progrès, sans nous contenter des 400 variétés de froment que nous possédons et dans l'espérance d'améliorer encore, s'il se peut, notre pain quotidien. Bien que nos plantes alimentaires passent en première ligne, négligeons-les un instant et cherchons autour de nous, dans cette classe, parmi les objets qui nous sont devenus familiers, ceux que la plante nous procure... Je parie que nous allons y faire des découvertes imprévues !

Bien entendu, les poutres du toit, le plancher de la maison, les bancs et les pupitres sont faits du *bois* de nos arbres. Ces tableaux noirs, ces cartes en papier, cette sphère en carton, cette toile de nos stores, tous ces objets sont des présents que nous a faits la plante, à n'en pas douter. Mais j'étonnerai peut-être quelques personnes en considérant que nous sommes tous ici vêtus de *charbon*, sans qu'il y paraisse et malgré la propreté bien connue de nos ménagères ?

JACQUES. — Oh! pour le coup, monsieur, vous nous avez promis des surprises ; — en voilà une qui passe les autres !

LE DOCTEUR. — N'est-ce pas? mes amis. On ne s'attend guère à trouver le charbon noir dans des étoffes légères, dans des toiles blanches ou bleues? Il y est pourtant! Les métamorphoses de la nature nous offrent sans cesse des merveilles sublimes, et celles des tissus végétaux ne doivent pas rester ignorées.

Tous nos écoliers l'ont appris déjà, — les plantes vivent de l'air du temps. Elles vivent du charbon qu'elles puisent dans l'air ; et quand elles ont mis, par la végétation, ce charbon *dans leurs tissus,* nous arrivons, nous autres, pour en tirer

parti. A notre tour nous absorbons, par nos organes, le charbon que contiennent les plantes : mais
nous ne mangeons pas *toutes* les plantes ! Nous en
transformons un grand nombre en étoffes, et c'est
alors que le charbon entre dans nos habits. Ainsi
donc, toi, Madeleine ! tu as un tablier de coton-
nade rouge ? Il est en charbon ! le bonnet de Ro-
salie est tout festonné de charbon, et le père Marcel, qui fait le faraud là-bas avec sa veste neuve,
ne se doute pas qu'elle est tissée de charbon
comme le reste !

On peut rire de ces choses : elles n'en sont pas
moins véritables; et j'aime beaucoup, d'ailleurs, la
science qui s'accepte en riant. Il me semble utile
de vous conter un peu l'histoire de nos vêtements.
Depuis fort longtemps il est de mode de se vêtir,
bien ou mal, pour s'abriter du chaud, du froid. Celui qui tresse un chapeau de paille se rend compte,
sans peine, de ce qu'il fait et remercie sans doute
la bonne plante qui va l'abriter des coups de soleil !
mais il serait bon de même que chacune de nos
demoiselles, en enfilant une aiguille, se dise bien
qu'elle enfile un brin d'herbe ! La grande nature
éternelle se prête à nos caprices, à nos fantaisies,
à nos besoins : — nous puisons dans son sein
fécond toute les ressources nécessaires à nos exis-
tences. — Voyons ! mes amis, l'heure de la reconnaissance est venue, ou tout au moins celle de la
connaissance ! A l'enfant ingrat qui n'aime pas sa
mère on répète toujours : « Elle t'a pourtant

nourri de son lait! » Eh bien ! notre commune mère nous alimente et nous abreuve : nous réchauffe, nous enveloppe, nous protége, et nous ne le savons seulement pas!

Les populations antiques étaient moins ingrates que nous : elles adoraient la nature à chaque heure du jour et dans tous les actes de leur vie. Sans imiter ces païens, cherchons la vérité dans les choses : nous en deviendrons plus forts et meilleurs.

CLAUDE. — Et comment se fait-il, avec votre permission, monsieur, que le charbon qui est solide et pesant, soit répandu dans l'air sans qu'on le voie tomber ?

LE DOCTEUR. — Hé! mon ami, un morceau de sucre fond dans un verre d'eau ; cependant doutez-vous qu'il ait modifié la qualité de l'eau? Soyez sûr qu'il y est encore. « De même le chimiste nous montre le charbon partout, dans la fleur la plus pure comme dans le diamant le plus éblouissant. Uni à l'hydrogène, il éclaire nos villes ou produit dans les houillères de terribles explosions ; — uni à l'oxygène, il forme cet acide gazeux et invisible qui s'échappe en bouillonnant des eaux minérales, qui fait pétiller la bière et le champagne. Le fruit le plus succulent, la feuille la plus légère, doivent en partie au charbon leurs couleurs, leur solidité ou la délicatesse de leurs tissus (Lecoq). » Mais ce ne sont pas les métamorphoses végétales qui doivent nous occuper aujourd'hui : —

nous admettons que la plante a puisé le charbon dans l'air et nous voulons suivre les transformations *industrielles* dont elle est susceptible.

Fig. 37. — Tige du Lin.

Prenons, par exemple, cette toute petite tige de *lin* (1) . (fig. 37). Elle est bien frêle et dépasse rarement six décimétres de hauteur ! Ses fleurs, d'un bleu pâle, la font remarquer à peine ; elles n'ont aucun parfum, et le vent disperse au moindre choc leurs cinq pétales fra - giles. Pourtant, lorsqu'une femme grecque, il y a bien des siècles, trouva moyen la première de filer les fibres de cette humble plante, elle rendit service au monde entier. N'oubliez pas son nom : — c'est à *Pamphile de Céos* que nous devons le

(1) Du mot celtique *llin*, qui veut dire *fil.*

premier fil de lin. Songez donc! mes amis, si l'on pouvait faire l'histoire d'un fil! Que de destinées il a changées! Le bien-être de nos demeures, la décence de nos manières, tout dépend et résulte de cette souple et chaude étoffe dont nous nous enveloppons. C'est au point qu'on se représente toujours l'homme sauvage dans sa hutte de feuilles, et la douce maison close abritant la famille civilisée. Aussi quel orgueil mettent nos dames à préparer sur la planche de belles piles de draps ou de serviettes! Du linge, c'est une vraie richesse! A voir blanchir sur l'herbe, au beau soleil de mai, la toile filée l'hiver et qui sort de chez le tisserand, on sait que l'armoire fait honneur à la ménagère, à son intelligence, et l'on est rassuré pour les enfants.

Je n'ai pas la pensée de vous apprendre qu'on file le chanvre comme le lin : seulement, je vous le répète, l'usage du linge de lin est fort ancien, tandis qu'il paraît que chez les Grecs, chez les Romains, le chanvre n'était employé qu'à faire des câbles, des cordages, des filets de chasse. On n'en fabrique de la toile, assez fine pour faire des chemises, que depuis trois cents ans à peine! et l'histoire cite comme une nouveauté deux chemises de chanvre que possédait Catherine de Médicis. — A l'occasion, songez à cette bonne Pamphile la fileuse : à la cruelle Catherine qui provoqua le massacre des protestants, et comparez ces deux souvenirs! — La reine n'aura pas le beau lot!

Comme le lin, le *chanvre* (fig. 38) est une plante textile *annuelle :* mais autrement il en diffère du tout au tout (1). Sa tige carrée s'élève bien à deux ou trois mètres de hauteur : ses fleurs sont *incomplètes.* La tige qui porte les graines est plus forte que celle qui porte les fleurs *staminées.* On retire le fil de l'écorce de ces tiges au moyen du rouissage, qui les dépouille d'une enveloppe extérieure nommée *chènevotte.* Il ne faut pas oublier que cette opération n'est pas exempte de danger, puisque l'eau dans laquelle on *rouit* le chanvre exhale des miasmes infects et se putréfie rapidement. L'odeur du chanvre est enivrante, narcotique. Les Orientaux font avec ses feuilles des poudres, des breuvages, qui provoquent le délire : — tout cela nous prouve qu'il faudrait éloigner les *routoires* de nos habitations.

Certes on file de beau linge de chanvre dans nos pays, je n'en disconviens pas! mais les belles toiles de Saxe, de Hollande, se font toutes avec du fil de lin. Dans presque toute la France on cultive le lin, surtout dans notre département du Nord. Et savez-vous que les batistes de production française valent jusqu'à 20 francs le mètre? Nos belles dentelles, dont les femmes se parent dans le monde entier, sont fabriquées à Valenciennes, à Malines, avec des fils d'une finesse si prodigieuse,

(1) Le *linum* appartient à la classe des *géranioïdées;* le chanvre, à la classe des *Urticées.* (Duchartre.)

Fig. 38. — Chanvre.

qu'on en obtient 200,000 mètres dans un kilogramme (1)!

Mes amis, avant de continuer ces réflexions sur notre industrie nationale, contemplons un instant, je vous prie, le fil si délicat d'une dentelle, semblable à une toile d'araignée! Le patient travail caché dans la plante nous a valu ces richesses; nos élégantes brillent au bal dans une parure de point d'Alençon, toute végétale au fond! sans qu'on se le dise... Et pendant cette même nuit de fête, supposez une tempête sur nos côtes de Normandie! La barque de pêche lutte en mer contre les flots; les marins épouvantés se sentent perdus sous l'orage... Une seule force les porte encore devant le vent! c'est cette voile, tissée de chanvre, qui se gonfle et se tend sans se rompre!... le câble, qui amarre la voile, est fait de chanvre; la modeste barque, comme les plus grands navires, est calfatée de chanvre! Le salut du pauvre marin vient de la seule herbe de nos champs, poussée au soleil de Dieu! et si la corde casse, tout est englouti!

Pour en revenir à nos étoffes, il est bon que vous le sachiez, la filature mécanique du lin et du chanvre n'existait pas avant 1810. On n'employait que les procédés de filature à la main, ce qui veut dire qu'on n'allait pas vite! Pour stimuler le zèle

______

(1) Le fil destiné aux dentelles et aux très-fines batistes se file à la main, aux environs de Cambrai. (Alcan, *Essai sur l'industrie des Plantes textiles.*)

des inventeurs, Napoléon Ier promit un million de récompense! De la part de celui qui ne pensait qu'à détruire, c'était beau de s'occuper de la production! mais, entre nous, ce million promis ne fut jamais payé. Il fut gagné, cependant! par Philippe de Girard, un Français de haute intelligence, et la filature mécanique, inventée par un des nôtres, enrichit l'industrie européenne. A partir de ce moment, on fabriqua les tissus de fil par les métiers à broches, et le fuseau de nos grand'mères se trouva relégué dans le domaine de l'industrie privée, ou à peu près (1)!

Jacques. — Voyez donc, monsieur, comme on est mal renseigné! Je croyais qu'on se servait, depuis les siècles des siècles, du linge de toile et de coton.!

Le Docteur. — Aussi, mon cher Jacques, n'ai-je rien dit encore de la filature du *coton!* Toutes les opérations industrielles qui préparent le lin et le chanvre ont pour but, par le rouissage, le marquage, etc., de détacher et de séparer les *longues* fibres qui composent l'écorce de ces plantes! Dans le coton, au contraire (fig. 39), on utilise un filament court, une sorte de duvet qui, sous la forme d'une touffe, enveloppe la semence du cotonnier (fig. 40). La différence est grande entre ces matières! Et pour joindre mécanique-

(1) Une femme habile à tricoter fait 80 mailles par minute ; avec le métier circulaire, elle en fera jusqu'à 480,000 : — progression de 1 à 6,000.

ment ces fils d'origines diverses, on ne rencontre
pas la même difficulté chez l'une et l'autre plante.

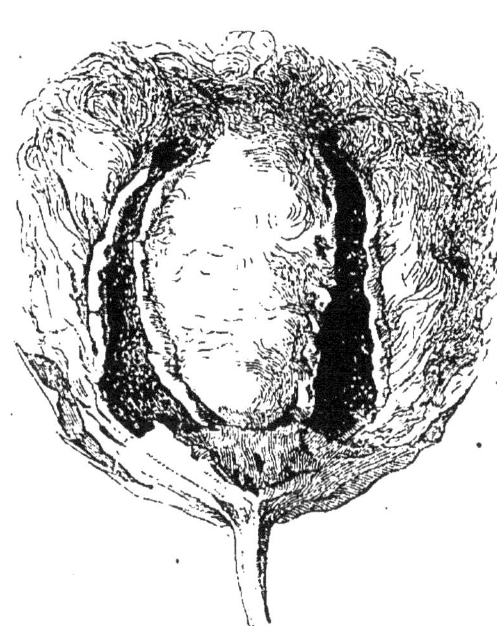

Fig. 39. — Fruit du Cotonnier.

— A l'heure
qu'il est, on
peut très-
bien, à l'aide
du microsco-
pe, distinguer
tout mélange
du lin avec du
coton et dé-
jouer la frau-
de des fabri-
cants, car le
coton est d'un
usage si ré -
pandu (1),
qu'on le tisse

souvent avec d'autres matériaux, sans en infor-
mer le consommateur.

Vous le savez tous, le cotonnier, qui est un petit
arbre, ne croît généralement pas en Europe (2); et
toutes les filatures mécaniques doivent s'approvi-
sionner dans des pays lointains. Aussi quel trouble

(1) Un mètre de toile peinte, qui coûtait 20 fr. il y a
cent ans, vaut aujourd'hui un franc. (*Rapport du jury international,* 1867.)

(2) L'Italie possède 1,500,000 hectares de terrains propres
à la culture du coton, et qui peuvent produire en
moyenne 400 kil. à l'hectare, soit 1,200,000 francs. — En
1865, on en a récolté pour 180,000,000 de francs dans la
Calabre. (*Educatore del Popolo,* 1870.)

dans nos industries lorsque cette denrée devient rare sur les marchés ! Pendant la dernière guerre d'Amérique, des millions de familles d'ouvriers en France, en Angleterre (1), en Allemagne se trouvèrent sans ouvrage, c'est-à-dire sans pain ! Les cotons de l'Égypte et de l'Inde vinrent, il est vrai, se substituer à ceux d'Amérique ; mais en comparant les prix de ces marchandises à l'état brut, vous vous rendrez compte de la qualité et de la solidité *relatives* des tissus. Les cotons du Bengale ne valent pas plus de 1 fr. 60 le kilo ; et ceux de Géorgie (Etats-Unis) se payent 8 et même 14 fr. le kilo (coton longue-soie) ! Il

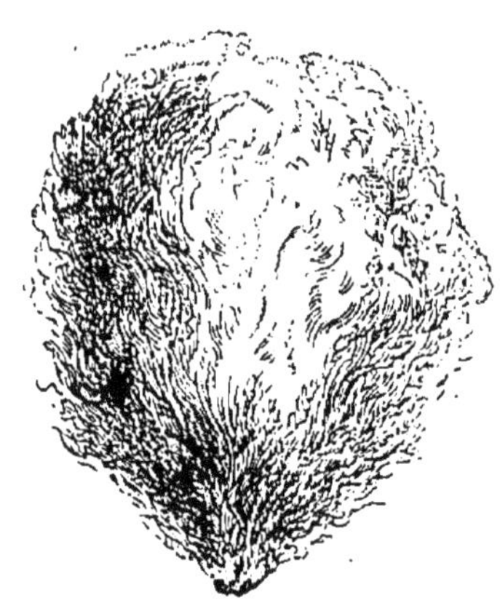

Fig. 40. — Graine entière de Cotonnier.

est impossible qu'on tisse avec les uns et avec les autres des étoffes aussi solides.

En préparant les tissus que nous pouvons utiliser, la plante, vous le voyez, travaille sur toute la terre à nous filer nos habits. Souvent même la

(1) Si l'on devait faire à la main tout le filé de coton que fabrique l'Angleterre en une année au moyen de ses métiers *automoteurs*, qui portent jusqu'à 1,000 broches, c'est-à-dire font 1,000 fils à la fois, il y faudrait 91 millions d'hommes, soit la totalité de la population de la France, de l'Autriche et de la Prusse réunies. (*Rapport du jury international de l'Exposition univers.*, 1867.)

petite cellule végétale emmagasine des substances
que nous ne pouvons employer directement. Ainsi,
par exemple, la soie est une substance végétale ;
une robe de soie est tissée avec des feuilles, cela
est incontestable.

ETIENNE. — Comment, monsieur! on ne tire
cependant pas la soie de la feuille même de l'arbre, comme on tire le fil du chanvre ou du lin?

LE DOCTEUR. — Parbleu! il y manque une
transformation. Cela se comprend! la petite che-
nille du ver à soie se charge de l'accomplir. Tout
le monde sait qu'il faut des feuilles du *mûrier
blanc* pour nourrir les vers à soie ; mais on
doit admettre aussi la métamorphose de ces
feuilles en fils d'or. Le ver, pour filer le cocon
où il renferme sa chrysalide, emploie la vraie
substance dont il s'est alimenté : il s'appauvrit
de tout ce qu'il file et c'est de la soie pure qui
sort de lui. Les feuilles du mûrier sont donc effectivement formées de la substance qui procure la
soie — et lorsqu'elles ont été mangées par une
espèce particulière de chenilles, l'industrie humaine parvient à en confectionner des étoffes.

JACQUES. — Oui! mais ce n'est pas un objet
d'utilité majeure comme le coton ; la toile est bien
plus nécessaire que la soie, car enfin, monsieur,
les étoffes de luxe, au besoin, on s'en passe!

LE DOCTEUR. — Allons donc! le luxe est un
objet de première nécessité! mais allez un peu en
Chine, mon ami, et vous y verrez les portefaix en

chemises de soie! De toute antiquité ce pays a cultivé le mûrier et employé les cocons du bombyx à la fabrication des étoffes les plus vulgaires. Aussi les œufs du ver et les graines de l'arbre arrivèrent du même coup dans notre Europe, apportés de l'Inde par des moines, au vi^e siècle. Seules, la Grèce et la Sicile cultivèrent longtemps le mûrier; et nos gens de Paris furent bien étonnés, il y a deux cent soixante ans, de voir un beau matin 20,000 pieds de cette espèce d'arbres dans leur grand jardin des Tuileries! C'est que le roi d'alors se nommait Henri IV! Il avait pour ministre un homme sérieux qui répétait sans cesse : « Pâturage et labourage! deux mamelles de l'Etat! » La maxime de Sully donna donc au roi la pensée d'utiliser les jardins de ses châteaux. Il planta des mûriers à Fontainebleau (1) ; il en mit 10,000 dans chaque diocèse : il en mit partout; mais son fils Louis XIII fit tout arracher! Et l'industrie de la soie subit encore en France de longues crises avant de devenir une de nos sources de richesse et d'exportation.

Il est regrettable, convenez-en! que de tels progrès dépendent d'un ministre ou d'un roi plus ou moins intelligents : quel décret royal vaudra jamais, je vous le demande, l'expérience personnelle? Nos industriels le savent : et chaque filature, chaque papeterie d'Alsace, attache un

______

(1) Michelet, *Histoire de France*, t. XI, p. 140.

chimiste habile à son importante fabrication. Les chiffons de lin, de chanvre et de coton ne suffisant plus à l'industrie du papier, on utilise la paille, le bois et l'écorce de certains arbres! La plante, toujours la plante, offre partout son activité, ses tissus précieux! Remercions-la donc avant de tourner les feuillets d'un livre; car si la science nous transmet dans les livres des vérités utiles, si nous pouvons nous améliorer et nous instruire par la lecture, c'est grâce à la plante encore!

Avant de nous séparer, je tiens à vous signaler un rapprochement intéressant. Les Chinois emploient pour la fabrication de leur plus beau papier l'écorce fine et blanche d'une espèce de *mûrier* qu'on nomme le *mûrier à papier*. Cet arbre est inconnu dans notre pays : mais veuillez noter qu'il est de la famille des *urticées*, et le cousin germain, par conséquent, du *mûrier* qui nous donne la soie, du *chanvre* qui nous donne le fil! A de semblables instincts de race, on n'hésite pas sur les liens de parenté. L'ortie même, très-humble et désagréable, a longtemps fourni ses fibres pour la confection de légères mousselines; et les sauvages des îles du Pacifique font encore des étoffes, non tissées, avec l'écorce de ce même *mûrier à papier*. Tout le monde file dans la famille des *urticées*, à ce qu'il paraît (1), et dans tous les pays.

(1, Une seule propriété est commune à toutes les es-

L'orage s'est apaisé tandis que nous causions, mes amis. Vos enfants ne demandent qu'à s'envoler, j'en suis sûr! Je leur rends donc la clef des champs en vous donnant à tous rendez-vous pour dimanche prochain, à la même heure, et qu'il pleuve ou qu'il ne pleuve pas!

pèces de ce genre nombreux : c'est celle de posséder des fibres très-fines, très-souples, très-solides et qui forment la couche interne de l'écorce. (Schleiden, *la Plante*, p. 212.)

LIVRE III

LA FLEUR

CHAPITRE PREMIER

GRANDS ARBRES, PETITES FLEURS.

M. KLEIN. — As-tu quelquefois pensé, mon cher Etienne, à rapprocher l'une de l'autre une *cerise* et une *fraise*? A ton avis, en quoi ces deux fruits diffèrent-ils de forme et d'aspect?

ETIENNE. — Je n'y ai jamais pris garde, monsieur, je vous l'avoue. On mange tout cela avec plaisir et sans réflexion!

THÉRÈSE. — D'abord, elles se ressemblent, car elles sont rouges toutes les deux, mais la cerise a un noyau et la fraise n'en a pas. Outre cela, on compte une belle différence, quant à la taille, entre un fraisier et un cerisier ! Pour cueillir des fraises, on n'a pas besoin d'échelle, vu qu'elles sont au ras de terre ; et nos cerisiers, bien au contraire, sont des arbres très-hauts, par des fois !

M. KLEIN. — Nous y voilà ! de grands arbres ont souvent de toutes petites fleurs, ce qui permet de les comparer aux plantes humbles et si fai-

Fig. 41. — Fraisier et ses stolons.

bles de nos potagers (fig. 41). Le fraisier a des fleurs toutes semblables à celles du cerisier ; les pois et les acacias ont également des fleurs de même forme et très-différentes de celles du fraisier. Il faut s'attacher à rapprocher les plantes qui se ressemblent, à éloigner celles qui diffèrent les unes des autres, afin de classer les végétaux, comme on dit, par *familles*.

ETIENNE. — L'ordre est indispensable dans un

classement, monsieur Klein, et je vous suis avec plaisir : cependant permettez-moi une observation. Au début de la plante, vous nous l'avez désignée par sa *graine*, unique ou fendue ; et s'il nous faut à présent nous en rapporter à sa *fleur*, comment s'y reconnaître ? Ce sera un peu difficile !

M. KLEIN. — Oui et non ! mes enfants. Vous avez vu votre tige de haricot sortir de terre et s'élever dans l'air ; nous avons étudié son développement en la comparant à d'autres végétaux ; mais pour toute espèce vivante il ne suffit pas d'*exister* au moyen d'individus isolés, il faut *reproduire* un même type, afin d'assurer la continuité de la vie. La plante est issue d'une graine : elle va fleurir pour former une graine nouvelle, toute semblable à celle qui l'a produite ; et c'est en observant la manière dont elle achève ainsi son *développement* et sa *reproduction* que nous parviendrons à comprendre un peu les divisions *naturelles*. — Qui sait ? nous les trouverons peut-être aussi simples qu'elles sont belles.

MADELEINE. — Vois donc ! Thérèse : en les comptant, sais-tu ? je trouve cinq petites feuilles blanches à la fleur du fraisier et cinq aussi pareilles à la fleur du cerisier. Par exemple, sur le fraisier, il n'y en pousse qu'une fleur à la fois, et pour les cerises, au contraire, qui viennent en grappes, les fleurs sont attachées en grappes aussi (fig. 42).

THÉRÈSE. — Je le sais bien, va : elles sont par bouquets, celles-ci ; mais c'est aussi de ces fleurs qui forment de petites couronnes naturelles et si jolies ! la première (1) toute blanche autour, —

une seconde plus petite et serrée dans le milieu — une couronne de points tout d'or ! On trouve cette couronne double dans les fleurs de ceri- siers, dans cel- les de poiriers, de pommiers, de pêchers, au printemps dans

Fig. 42. — Cerisier de Sainte-Lucie.

les premières de l'amandier ; et toutes les roses de nos haies, qui sont moins blanches, ont pour- tant la fleur pareille à ces petites-là, mais en plus grand !

M. KLEIN. — Bravo ! Thérèse, ma bonne fille ! tu es une habile observatrice ! Je croyais avoir à t'en- seigner une foule de choses que tu sais déjà, j'en suis surpris. Mettons-y des noms, veux-tu ? pour nous retrouver, et tu nous auras rendu un vrai

____

(1) On voit que d'abord un seul, et ensuite plusieurs cercles d'organes foliacés s'ajoutent entre eux, formant ainsi un ensemble que nous appelons vulgairement une fleur. (Schleiden, *la Plante*, p. 83.)

service. D'abord, ta petite couronne colorée n'est pas la première enveloppe : elle repose sur un appui qui est tantôt en forme de coupe, tantôt en forme de godet. Ici, dans une rose simple (fig. 43), nous le voyons très-nettement découpé, cet appui; il est vert : on le nomme *calice*. Les folioles qui le partagent sont les *sépales.* Il a autant de divisions que la couronne colorée a de feuilles; mais les dents de cette seconde *enveloppe florale* sont plus .grandes et

Fig. 43. — Corolle de Rose simple.

dépassent de beaucoup les sépales du calice. Du nom même de feuilles *colorées* de cette seconde enveloppe on a fait *corolle*, et les petits fragments détachés que Madeleine compte au nombre de *cinq* dans le fraisier, dans l'églantier, etc., ont été nommés les *pétales.* Ainsi donc, n'oublions pas, le calice divisé en sépales, la corolle divisée en pétales.

ETIENNE. — Pour lors, monsieur, toutes les fleurs ont besoin de *calice* et de *corolle* pour fleurir ?

M. KLEIN. — Je n'ai pas dit cela !! Un instant! Tu vas plus vite qu'il ne faut : finissons-en d'abord avec la fleur, la vraie fleur. — Ce qui la compose, ce n'est ni la première enveloppe verte qui formait le *bouton* avant de s'épanouir, ni la seconde enveloppe étalée et belle que tout le monde admire sous le nom de fleur : nous avons dit *enveloppes florales* à dessein ! La vraie fleur, ce sont les petits points d'or du milieu, que la corolle, grande ou petite, a la mission de garantir et de protéger. La fleur nous fait le fruit : sans fleurs, pas de fruits ! La preuve en est notre récolte de pommes de cette année, compromise au moment de la floraison des pommiers par une gelée tardive.... et nous boirons le cidre de l'an passé !

ETIENNE. — En pareille circonstance, monsieur, la fleur périt tout entière ; elle noircit, elle tombe grillée comme par le feu. Et personne, on peut le dire, ne préserve de la gelée !

M. KLEIN. — Aussi dame Nature est une prévoyante ! elle ne développe en général les tuniques de ses fleurs qu'au bon soleil de mai, suivant les pays et les expositions , bien entendu (1) ! Et vous allez admirer avec moi, mes enfants, les merveilles de ses combinaisons, qui assurent la conservation de l'espèce par le déve-

(1) Aug. Saint-Hilaire rapporte que, lorsqu'il partit pour le Brésil, le 1er avril 1816, les pêchers, à Brest, n'avaient encore ni feuilles ni fleurs. Le 8 avril, ceux de Lisbonne avaient entièrement fleuri ; le 25 du même mois, à Madère, il vit les pêches nouées et le froment en épis ; enfin quatre jours plus tard, à Ténériffe, on faisait la moisson, et les pêches avaient presque atteint leur parfaite maturité. (Duchartre, *Élém. de botanique*, p. 435.)

loppement du fruit. Nous avons affirmé déjà que la fleur, dans ses formes les plus variées, n'emploie que des feuilles *modifiées*. Les sépales et les pétales sont des feuilles chargées de supporter la fleur, de l'entourer : et ce sont des feuilles encore que vous voyez au centre de ce beau lis (fig. 44)

Fig. 44. — Corolle de Lis.

sous forme de filets minces, à têtes jaunes et poudreuses.

THÉRÈSE. — Là où vont nos mouches pour chercher leur miel? au cœur de la fleur et dans cette poussière sucrée? Ah! monsieur le Maître, vous plaisantez par bonté, pour sûr : car la différence est grande d'une feuille toute verte à un petit pinceau tout doré ! ils ne se ressemblent guère (1) !

M. KLEIN. — Non, non, tout ceci est sérieux, ma fille, et, qui plus est, parfaitement exact. La feuille se modifie pour faire la fleur ; elle crée le calice et la corolle qui sont les enveloppes florales : et, continuant ses métamorphoses, elle devient ce filet délié que surmonte une boite mobile, toute remplie de poussière, et qu'on appelle étamine. Madeleine va nous compter sans peine le nombre des étamines (2) de ce lis, car je l'engage à y renoncer sur notre rose.....

MADELEINE. — J'en vois six de toutes pareilles, et la septième, qui les dépasse, a la plus grosse tête ; d'où vient cela, monsieur ? est-ce encore une différence et une autre qualité ?

M. KLEIN. — Cette grande baguette du milieu que tu reconnais très-bien, ma chère Madeleine, est justement ce qui constitue la fleur *complète*.

______

(1) Entre une feuille normale avec sa couleur verte, sa texture en général assez ferme soutenue par des nervures bien dessinées, et un *pétale* de rose, de pivoine avec ses vives couleurs, son tissu délicat, on ne voit d'abord qu'une complète dissemblance..... Rien ne semble différer plus complétement d'une feuille qu'une *étamine ;* cependant la complète analogie d'origine de l'une et de l'autre peut être mise en évidence sans difficulté. Voyez le nénuphar. (*Éléments* de Duchartre, p. 439 à 444, édit. de 1867.)

(2) L'étamine est considérée comme un organe de la nature des pétales, par conséquent doit être regardée comme une *feuille modifiée*, l'anthère équivalant au *limbe* de la feuille et le filet au *pétiole*. Quand ce dernier manque, l'anthère est *sessile*. (Fermond, *Phytogénie* p. 294.)

On nomme cette baguette le *pistil* ; elle est indispensable à la formation de la graine, qui se développe à sa base dans un renflement appelé *ovaire*.
Toute la fructification est là. Un échange s'opère
entre les étamines et le pistil qui va vous rappeler
la croissance rapide de notre première petite cellule végétale, vous ne l'avez point oubliée ? Eh
bien, la *poussière florale* qui s'échappe du sommet

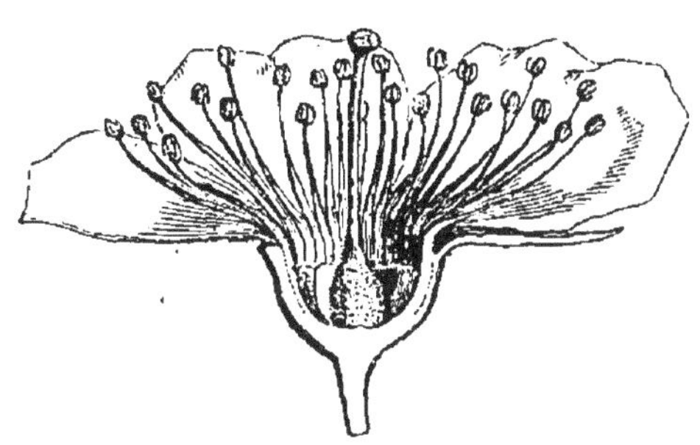

Fig. 45. — Fleur de Pêcher.

de l'étamine
(*pollen*) est
composée de
fins grains im-
perceptibles.
Ces grains ne
sont autres
que des *cellu-
les de multi-
plication* (1) qui tombent sur le pistil (*stigmate,
style*) et pénètrent jusqu'à l'*ovaire*. Alors la transformation du pistil en *fruit* est assurée. Etudions
ici, mes enfants, cette réunion des étamines et
du pistil sur le même réceptacle ; dans la fleur
du *pêcher* et dans celle du *fuchsia* (fig. 45 et
46), vous vous en rendrez compte très-aisément.

Etienne. — Pardon, monsieur ! Encore une
question, s'il vous plaît ! La fleur, dites-vous, est
faite de feuilles devenues roses ou rouges, ce qui
est assez naturel ; son enveloppe contient les

(1) Schleiden, *la Plante,* p. 56.

poudres et les fils qui serviront à fabriquer la graine; il le faut bien pour ressemer la plante, cela se comprend! Mais vous parlez maintenant de *fleurs complètes* : y en a-t-il donc qui ne le soient pas ?

M. KLEIN. — Tu le demandes et tu le sais bien, pourtant, mon fils. De certaines plantes offrent deux espèces d'individus tout différents (Schleiden), dont l'un porte seul les semences et dont l'autre n'a jamais de graines. — Vois plutôt le *chanvre* de nos jardins (fig. 47 et 48) ! Tu connais, Etienne, et tout le monde connaît chez nous, le chanvre mâle et le chanvre femelle. Naturellement la plante qui donne les graines porte des fleurs *pistillées*, c'est-à-dire pourvues de pistil (1) seulement; et sa voisine porte les fleurs *staminées*, et ne possède que des étamines. — Comme vous le voyez, mes amis, elles ne sont complètes

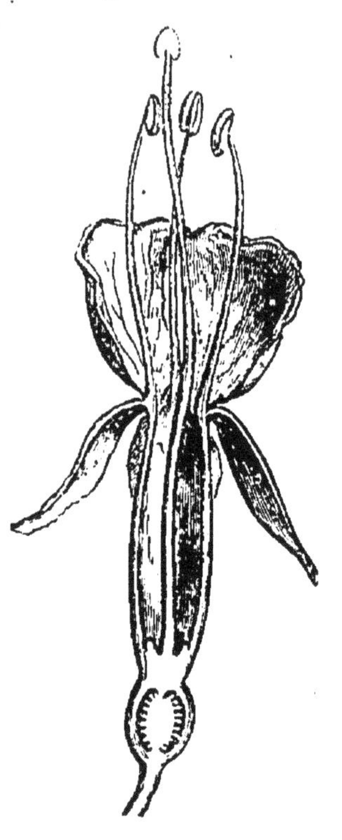

Fig. 46. — Ovaire adhérent (Fuchsia).

(1) On nomme encore les pistils des *feuilles carpellaires* qui forment l'ovaire avec ses divisions, le style et les stigmates. (Duchartre, p. 431 et 563)

ni l'une ni l'autre, puisqu'il faut que les deux
individus de même espèce fleurissent à la même
époque, et l'un à côté de l'autre encore ! si l'on
veut en avoir de la bonne graine.

Fig. 47. — Chanvre mâle. Fleurs staminées.

ETIENNE. — De manière que la fleur incom-
plète est celle qui ne peut pas faire sa graine à
elle toute seule ? Mais cela doit être terriblement
rare, cet accident-là, monsieur ?

M. KLEIN. — Ce n'est pas un accident, c'est une

loi naturelle qui offre de nombreux exemples. Nous n'allons pas passer en revue tout le règne végétal. dans notre jardin d'école ; d'abord, nous serions à court de végétaux !.. Cependant je puis te citer le *saule* de nos prairies, qui a ses *fleurs*

Fig. 48. — Chanvre femelle. Fleurs pistillées.

pistillées sur un arbre et ses *fleurs staminées* sur un autre (fig 49 et 50). De même le *dattier*, qui est une espèce de *palmier*, le *pistachier*. Ensuite nous avons le *maïs*, le *châtaignier*, le *chêne*, qui ont des fleurs incomplètes également,

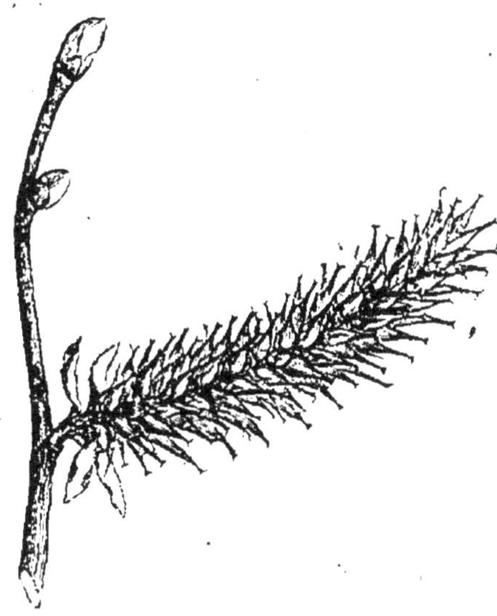

Fig. 49. — Groupe de fleurs pistillées
du Saule blanc.

Fig 50. — Groupe de fleurs staminées du Saule blanc.

mais réunies sur le même pied, ce qui établit une nouvelle différence.

THÉRÈSE. — Pour les arbres étrangers, vous me permettrez, monsieur, de ne pas m'en inquiéter beaucoup; les nôtres, c'est une affaire plus curieuse, à mon sens! Cela se voit tous les jours. On ne peut sortir de la maison sans rencontrer soit un noyer, un chêne, soit des jardins fleuris. Les petits, les grands sont quelquefois tout pareils! l'histoire de la fraise et de la cerise nous l'a montré!... Mais voici le chêne qui a sa graine fendue, et vous le mettez à côté du maïs, une sorte de blé à graine simple.... Est-ce donc par le motif de la fleur séparée sur deux branches? Je ne comprends plus du tout la famille que cela va faire et je vous prie de me l'expliquer.

M. KLEIN. — Très-volontiers, ma bonne, car une écolière aussi attentive me réjouit l'âme quand elle ne laisse rien passer sans approfondir une question. Les grandes divisions établies par nos embranchements em ê- chent, à tout ja- mais, de confon- dre un végétal monocotylédo- ne, comme le *maïs* , avec un dicotylédone, tel que le *chêne !*

Fig. 51. — Fleur pistillée du Chêne.

c'est aussi impossible que de confondre un champignon avec un arbre ou un poisson avec un oiseau ! — Il y a des groupes naturels qu'il faut d'abord respecter, autrement on tomberait dans la confusion, ce qu'il faut éviter. Le *maïs* appartient à la famille des *graminées* et le *chêne* à celle des *cupulifères;* nous verrons cela à mesure.

Cependant, tu as bien raison de remarquer le caractère commun à ces deux plantes, qui possèdent l'une et l'autre, réunies sur la même

tige, des fleurs *pistillées* et des fleurs *staminées*
(fig. 51 et 52). Nous devons puiser partout nos su-
jets d'admiration. Vois cette branche de chêne et

Fig. 52. — Fleur staminée du Chêne.

dis-toi, Thérèse, que cette petite grappe légère
donnera naissance à des glands, d'où sortiront quelque jour les robustes arbres d'une nouvelle forêt !
Ces fleurs sont pourtant bien délicates ! bien diffé-

rentes de leurs futurs enfants!… elles sont des milliers de fois plus petites que nos grosses fleurs d'agrément, pivoines ou autres, d'où rien ne sort; mais ce n'est pas la dimension du végétal qui crée l'importance de la fonction (1). Les plus obscures fleurettes préparent ces majestueuses tiges des *sapins* du Nord, les masses du *sequoia gigantesque* d'Amérique, qui s'élève jusqu'à plus de 100 mètres et dont l'écorce atteint ou dépasse même quelquefois 30 centimètres d'épaisseur! Tant de croissance et tant de vigueur ont pourtant leur origine dans la petite fleur dont nous parlerons encore bien des fois sans avoir tout dit sur son compte; allez, mes enfants ! Nous pourrons nous émerveiller de plus en plus et chaque jour sur la grandeur et la sagesse du Créateur de toutes choses, et dire avec Garo :

> Sans en chercher la preuve
> En tout cet univers et l'aller parcourant,
> Dans les citrouilles, je la treuve.

(1) La première leçon que la nature donne à l'homme c'est que l'infiniment petit est égal, en puissance, à l'infiniment grand. (Edgar Quinet, *la Création*, t. Ier, p. 125.)

CHAPITRE II

LES FLEURS S'ENVOLENT

> La faculté locomotive existe dans le monde végétal.
>
> (BOSCOWITZ.)

LE DOCTEUR. — Mon cher Etienne, porte, je te prie, ces fleurs à ta mère : ta sœur Thérèse saura lui en faire un bouquet.

ETIENNE. — Vous êtes bien honnête, monsieur, et les petites seront contentes assez. Oh! les beaux dahlias! les belles reines-marguerites! Comme ces fleurs-là se tiennent droites et fières! comme elles font bon effet dans un jardin.

LE DOCTEUR. — Oui, c'est vrai! dans l'arrangement d'un parterre on tire un grand parti de ces belles COMPOSÉES, si nombreuses d'ailleurs!

ETIENNE. — Qu'appelez-vous les *composées*, monsieur? Est-ce une espèce particulière? ou plusieurs groupées en famille?

LE DOCTEUR. — Tu dois bien le deviner, mon ami : une fleur qui se trouve formée de nombreuses fleurs réunies prend tout naturellement le nom de *composée*. Vois plutôt cette marguerite (fig. 53). La trouverais-tu, par hasard, semblable à une rose?

ÉTIENNE. — Oh non, monsieur! elle a bien plus de découpures, et plus fines aussi, plus délicates. Ce n'est pas du tout la même forme de fleur; au cœur, on dirait un petit centre plat, et la rose, au contraire, se gaufre en feuilles rondes et touffues... Enfin! c'est impossible à comparer.

LE DOCTEUR. — Et nous n'y songeons guère! Le groupe de plantes qui ont leurs fleurs réunies, comme on dit, en *capitule* (fig. 54) dans une même et unique enveloppe (involucre), a

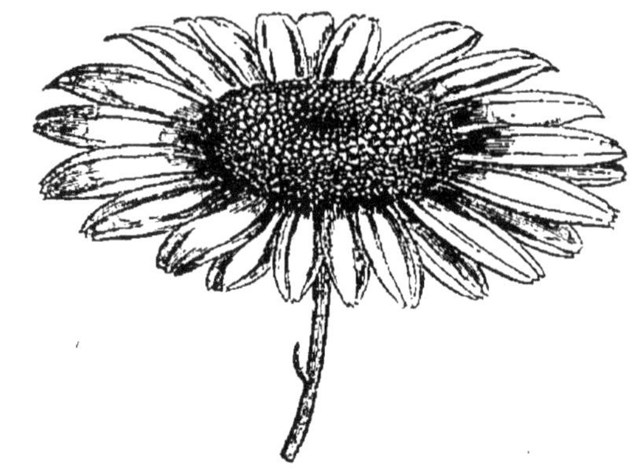

Fig. 53. — Fleurs réunies dans un involucre.

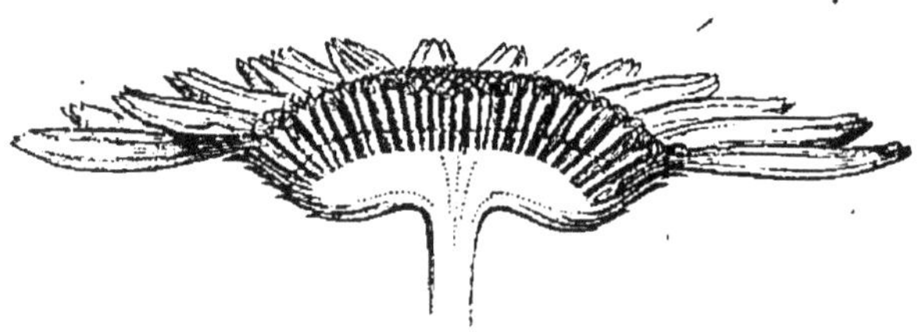

Fig. 54. — Inflorescence en capitule (Marguerite).

reçu du grand botaniste Linné le nom de *composées*, qu'on lui conserve encore (1). Cette famille est si considérable, qu'elle forme à peu près le septième,

(1) Les Synanthérées ou Composées.

à elle seule, de toutes les autres plantes qui se partagent la nature végétale dans notre Europe (Lecoq),
et avec les *graminées*, on peut dire qu'elle domine dans le monde entier. Examinons cette

Fig. 55. — Chicorée.

fleur de *chicorée*
(fig. 55) et tu ver-
ras, mon ami, cha-
que petit fleuron
s'en détacher faci-
lement. Dans cette
toute petite fleu-
rette, nous trouve-
rions, à.la loupe,
des étamines et
un pistil; de même
dans les fleurons
de la fleur du *char-
don*, que tout le
monde connaît à
ses épines. Quel-
quefois les fleu-
rettes du centre
sont ainsi rangées

sous forme de petits tubes, et celles du bord s'é-
talent en couronne, comme dans les *asters* : et
alors les unes sont *complètes*, les autres sont simplement *pistillées* (fig. 56). Mais n'importe !
chaque capitule donne sa propre graine lui-
même comme s'il avait toutes fleurs complètes.
La poussière florale s'envole quelquefois, on te l'a

dit, Étienne, et va féconder à distance les fleurs pistillées d'une même espèce : à plus forte raison, ce phénomène de la fructification doit s'accomplir entre fleurs qui se développent côte à côte, dans le même involucre (1).

ETIENNE. — Est-ce possible ! tous ces jolis petits tuyaux sont des fleurs entières? et chacune contient une mère de famille, même alors dans cette petite pâquerette de votre gazon, monsieur?

LE DOCTEUR —Oh! le volume n'y fait rien, tu le sais très-bien! Ces grands *soleils*

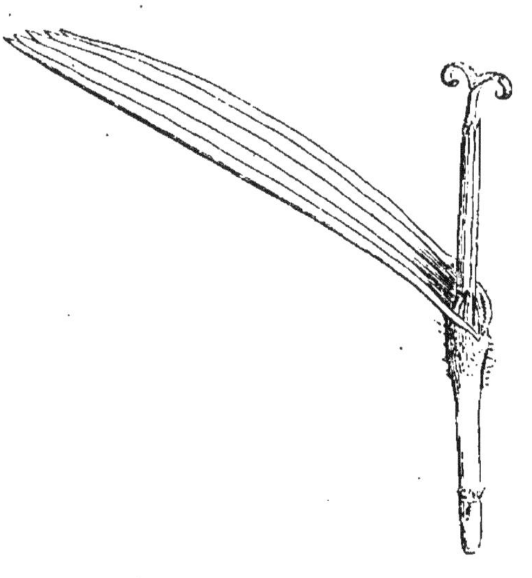

Fig. 56. — Fleur isolée de Chicorée.

de mes plates-bandes ont une mine très-orgueilleuse; mais en face de la loi de nature, je te le déclare! ce sont des *composées* ni plus ni moins que le *souci* des champs ou le *bluet* des blés! Le *pissenlit*, dont les enfants font envoler la graine en soufflant dessus, n'est pas une

(1) D'après Darwin, la même espèce végétale peut avoir des fleurs de deux, parfois même de trois sortes. (Duchartre, *Botanique physiologique.*)

plus humble plante que mes brillants *dahlias*, que mes *zinnias* élégants. — Regarde dans

Fig. 57. — Camomille.

mon potager : mes *laitues*, mes *salsifis*, mes *ar-*

tichauts appartiennent à la famille des composées, tout comme ces *œillets d'Inde*, ces *coréopsis*
dorés, comme la *camomille romaine* (fig. 57) et
nos *chrysanthèmes* d'automne, qui figurent dans
mes massifs. Seulement, Etienne, rappelle-toi

bien ceci : on ne peut
étudier la botanique
d'après nos végétaux
de jardins, que la cul-
ture a modifiés ; et
pour déterminer les
espèces et les *genres*,
on doit, le plus sou-
vent, recourir au type
sauvage. Nous avons
tant de variétés! On
s'y perd ; et les ca-
ractères généraux
peuvent seuls con-
server la fixité qui
autorise les classifica-
tions naturelles. Je te
disais, tout à l'heure,

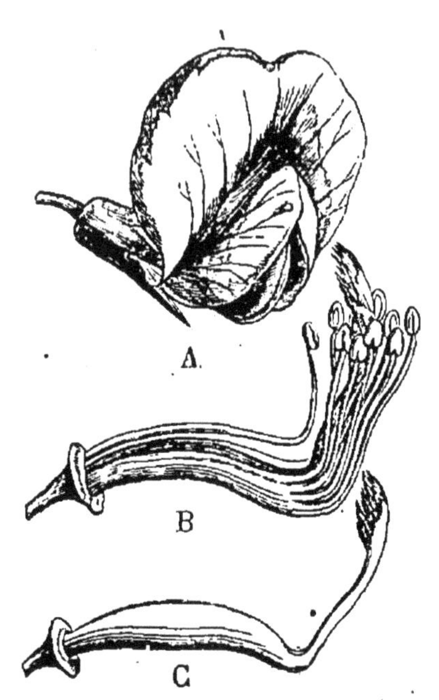

Fig. 58. — A. Pois ; fleur entière. —
B. Le calice et la corolle ont été retranchés. — C. Le calice, la corolle
et les étamines ont été retranchés :
reste le pistil.

qu'une rose ne pourra jamais être confondue avec
un dahlia ; le sera-t-elle davantage avec cette fleur
de *pois* (fig. 58 et 59)? toi-même, mon ami, sans être
botaniste, prendras-tu ce pois pour une *composée*
et ne sentiras-tu pas que nous abordons ici une
autre famille importante ?

ETIENNE. — Oh! cela saute aux yeux! les pe-

.tites pâquerettes et les soucis, qui s'étalent en rayons tels que des étoiles, sont bien loin, monsieur! l'idée même n'en viendrait pas, vous avez raison! Une fleur de pois ressemble à une fleur de haricot, voilà! Est-ce donc la fleur qui dit le nom?

LE DOCTEUR. — Mais... pas absolument! elle aide à le trouver! Rappelle-toi! nous avons tenu compte aussi des feuilles! de leur position, de leur forme! de la forme des tiges! et, avant tout, de la forme des graines!! Vois-tu, mon ami, les végétaux sont comme les animaux ; bêtes ou plantes font partie d'une *espèce*, en raison de la ressemblance qu'elles se transmettent; et nous autres, au fur et à mesure des découvertes, nous classons les nouveaux venus parmi les individus que nous connaissons déjà et qui ont avec eux des caractères communs. Les classifications se font ainsi, pas autrement : l'expérience en est facile. Ce pois, dis-tu, ressemble au haricot, tu l'as vu tout de suite, tant cela est vrai! Vite classons-les, tous les deux, dans le vaste groupe naturel des LÉGUMINEUSES, l'un des plus importants, sans contredit, du règne végétal.

ETIENNE. — Et, bien entendu, tous nos légumes sont rangés sous ce nom-là, cela ne se demande pas?

LE DOCTEUR. — Tout au contraire, mon garçon! car il n'y a aucun rapport entre la plupart de nos légumes et les *légumineuses!* Tu verras, dans d'autres familles, les navets, choux, carottes, asperges, etc., que nous avons confondus à grand tort, sous le nom de *légumes*. Ici recherchons l'o-

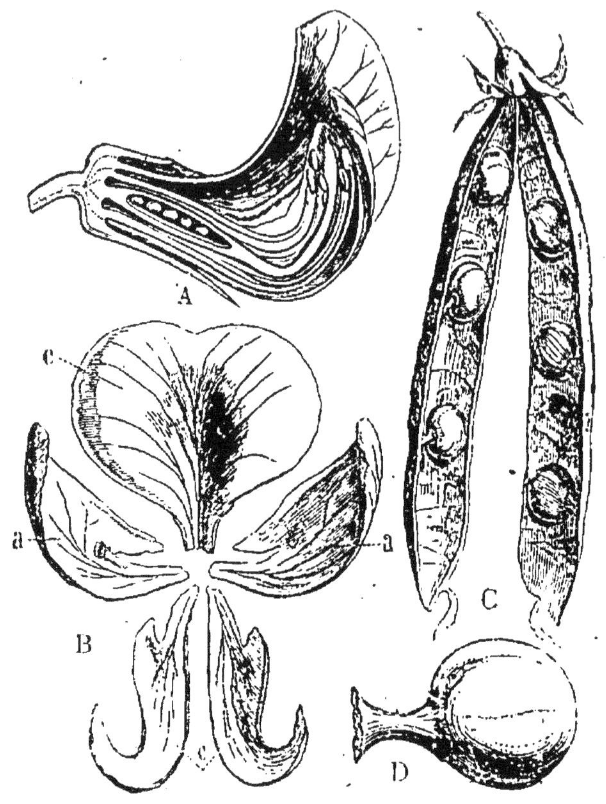

Fig. 59. — Fleur et fruit du pois. — A. Fleur coupée par un plan vertical et médian. — B. Pétales détachés (c, carène, a, a, ailes). — C. Ovaire devenu fruit, conservant le calice à sa base. — D. Une graine isolée.

rigine du nom de la famille dans la *gousse* (legumen) (1), où sont contenues les graines qui caractérisent nettement ces végétaux d'aspects si variés.

(1) Le mot latin *legumen* veut dire *gousse*.

Leurs fleurs ont le plus souvent une forme bien
spéciale aussi ; on dirait d'un papillon qui se pose :

Fig. 60. — Fleur d'Acacia (Robinia).

d'où l'on a fait *papillonacées* (1). Et partout la terre
on les retrouve ainsi faites. N'est-ce pas admirable,

(1) Famille des Légumineuses-papillonacées.

en effet, de cueillir un petit *mélilot* au bord de la route et d'observer une fleur toute semblable de forme au sommet des plus hauts de nos arbres ? Ma belle *glycine*, quand elle fleurit au printemps, mes *cytises* aux longues grappes d'or, mes *acacias* (fig. 60), mes *genêts* d'Espagne, ont également cette fleur qui semble munie de deux ailes. Sans aller rechercher ces belles *mimosées* d'Amérique dont les pays chauds se parent et qui forment une vaste tribu, regarde d'ici la pièce de *trèfle* incarnat de Jacques, mon voisin ! elle brille au soleil comme un tapis de velours, là-bas, de l'autre côté de la rivière. Ah ! nos vaches connaissent la famille des légumineuses et s'en régalent ! Bien des fois, dans l'année, s'ouvre la grange ou l'étable, quand nos *luzernes* bleues ou nos *sainfoins* roses rentrent à leur tour ! On sait à la campagne si le bon fourrage fait le bon lait, le bon beurre ! Mais le bétail broute les plantes à gousses, et les travailleurs n'en font pas fi ! Quant à moi, je trouve toute simple l'histoire d'Esaü cédant son droit d'aînesse pour un plat de *lentilles* (fig. 61). Comme on apprécie, au retour de charrue, l'écuelle remplie d'une soupe fumante, avec ces *haricots* si riches en amidon, ces *fèves* à double enveloppe, ou ces *pois* gourmands dont la gousse se croque ! Va, mon ami, la reconnaissance doit nous pénétrer l'âme quand nous songeons à ce pâtre de Toscane ou des Abruzzes qui dîne de quelques fèves dans leurs cosses, sous l'ombre d'un pin parasol, et qui puise dans cette nourriture azotée l'aliment nécessaire à réparer ses forces. Il est vrai que l'air des montagnes stimule son appétit, et je ne répondrais pas de faire accepter ce mets rustique par nos dames de Paris!

ÉTIENNE.— Aussi, monsieur, cela ne doit pas être fameux non plus : et les goûts varient avec les pays; mais au moins, paraît-il, elles sont toutes innocentes, ces plantes-là?

LE DOCTEUR. — Il ne faudrait pas t'y fier! Je te conseille de ne jamais goûter les graines purgatives du *cytise* ou faux ébénier! et quant à la *casse*, au *séné*, au *tamarin*, à

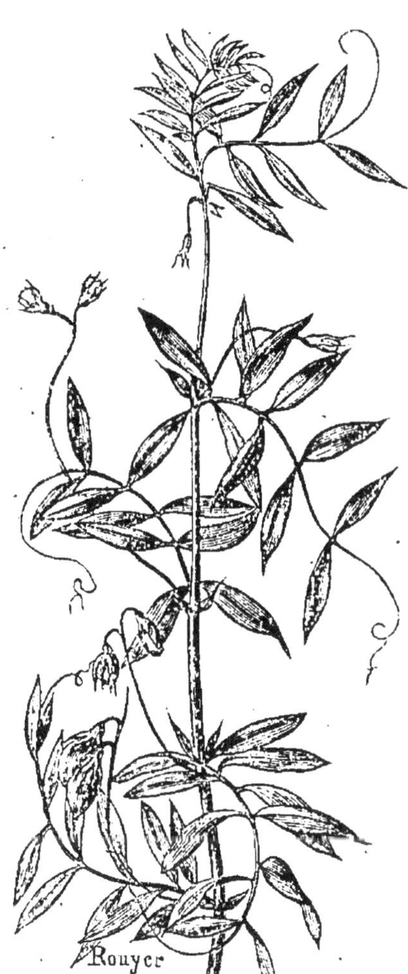

Fig. 61 — Lentille en fleur.

la *réglisse*, aie recours au pharmacien pour en faire usage! Les légumineuses *alimentaires*, les légumineuses *médicinales* ne doivent pas être confondues! Et là ne se borne pas le mérite de cette grande famille : nos ébénistes utilisent le bois de *palissandre*, de *courbaril*. En teinture, on emploie le bois de *campêche*, les feuilles de l'*indigotier*.

Quelque jour, mon ami, il faudra que je vous fasse un livre à propos des végétaux utilisés par l'industrie, et ce sera un gros livre, celui-là!

Etienne. — Plus on étudie, plus on reconnaît sans doute, monsieur, qu'il

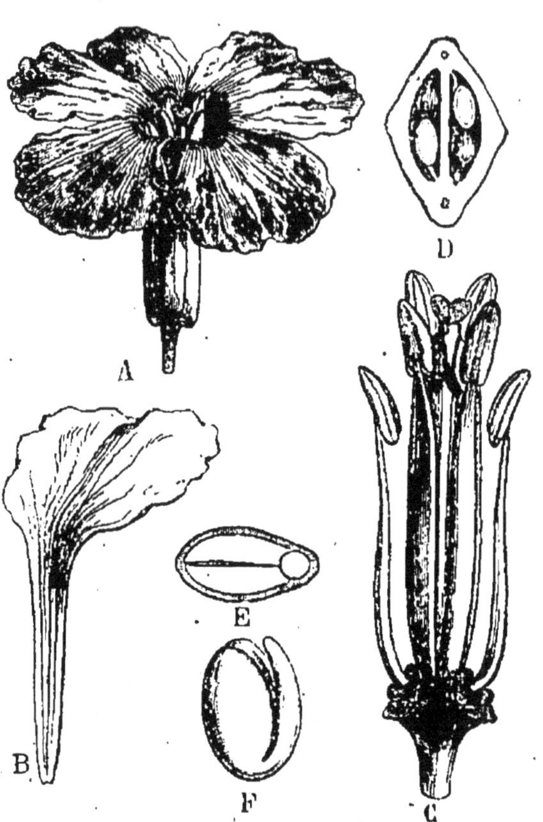

Fig. 62. — A. Fleur de Giroflée.⁕ — B. L'un des quatre pétales.—C. Les étamines sont au nombre de six. — D. Coupe horizontale de l'ovaire. — E. — Coupe horizontale de la graine. — F. Embryon isolé.

est impossible de tout savoir! à moins d'y consacrer sa vie entière! et le peut-on souvent?...

Le Docteur. — Bah! on a toujours le temps de noter une différence, par-ci par-là, dans les organes de la fructification et de déterminer ainsi les principaux caractères des familles naturelles! Les légumineuses, dont nous parlions, offrent en général cette particularité que, sur les dix étamines de la fleur (de pois, de haricot, etc.), neuf sont unies en un faisceau et la dixième reste libre; eh bien! veux-tu te rendre compte du nombre des étamines dans cette giroflée (fig. 62 et 63)? Ouvre-la! tu n'en trouveras plus que six! et du premiér coup tu fais connaissance avec les CRUCIFÈRES : calice à quatre sépales, corolle à quatre pétales; six étamines, dont deux restent infailliblement plus courtes!

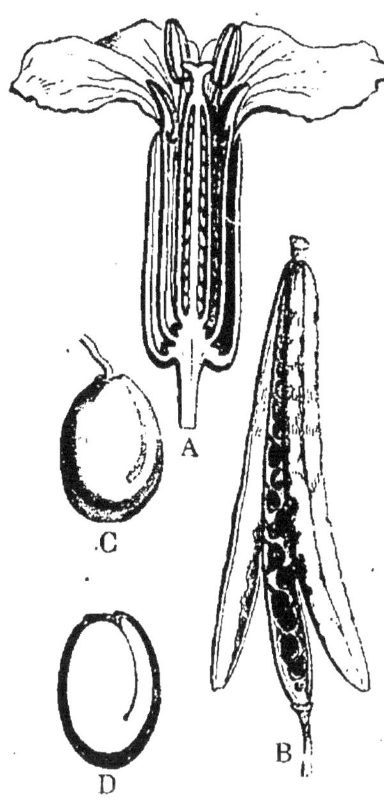

Fig. 63. — A. Fleur de Giroflée coupée par un plan vertical. — B. Fruit montrant ses graines. — C. Graine isolée. — D. Coupe verticale de la graine et de l'embryon contenu.

On ne saurait s'y tromper. Va-t'en voyager, Etienne, et tu trouveras des plantes de cette famille dans toute l'Europe; elles y sont même plus nombreuses que les graminées, ce qui n'est pas peu dire! De l'Espagne à la Russie, on les revoit partout. Ce sont des plantes annuelles la plupart du temps, ou bisannuelles : elles sont herbacées ; on ne compte pas de grands arbres parmi les crucifères, à peine quelques arbrisseaux ; mais quels services elles rendent, ces bonnes espèces alimentaires ! jusqu'en Laponie on retrouve le *chou* précieux, dont les habitants des pays de neige savent faire des conserves pour les longs hivers. Tu n'as qu'à demander aux amateurs de choucroute ce qu'ils en pensent ! Une grande tribu, celle de ces fleurs à quatre pétales ! une famille simple ! utile ! que de bonnes plantes, industrielles ou potagères, devenues nos amies, auxquelles il est juste de rendre hommage !

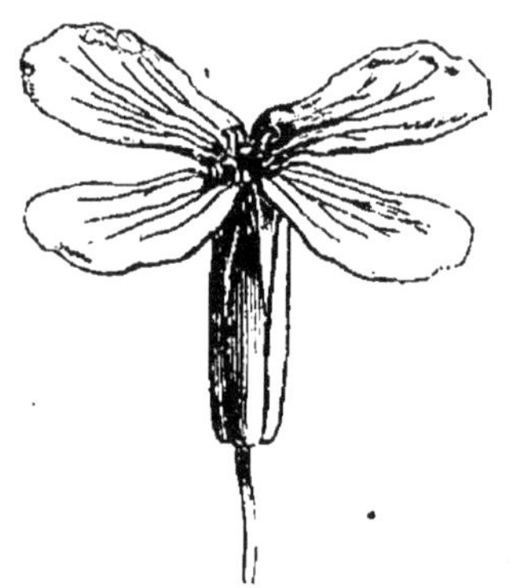

Fig. 64. — Fleur de Moutarde.

Quand tu travailles à t'instruire le soir, près de ta mère, mon cher Etienne, que tu fais la leçon à tes sœurs, salue de loin la faible tige du *colza* dont la graine procure l'huile de ta lampe. Si l'on devait la clarté du soir à un homme, de quel bruit on entourerait son nom ! il aurait des statues partout ; et la plante n'a pas même une pensée... Elles sont trop modestes aussi pour qu'on songe à elles, ces petites fleurs polypétales à corolles blanches ou jaunes (le plus souvent) ; on ne les regarde pas ! Vois cette petite *moutarde* (fig. 64); les sinapismes ont sauvé la vie à plus d'un enfant malade! — Vois ce *cresson* dans ma fontaine, encore un ami! car cette plante, si utile contre le scorbut, croît dans presque tous les pays de la terre. Il n'est d'ailleurs pas une crucifère qui ne soit antiscorbutique.

ÉTIENNE. — Tout cela, monsieur, c'est bon quand on le sait : mais la botanique me semble trop difficile à apprendre et à retenir pour que les malheureux puissent jamais en profiter.

LE DOCTEUR. — Et parbleu! c'est précisément ce qu'on ne sait pas qu'il faut apprendre! car telle ou telle espèce de plantes, par ses propriétés curatives, peut rendre au besoin de grands services. Tu vas en juger.

Il y a quelques années, pendant un voyage de découvertes dans les mers polaires, un de nos navires vint aborder sur une côte inconnue. La plus grande détresse régnait à bord, tous les matelots avaient le scorbut; et la manœuvre, faute de bras, devenait impossible! Comment administrer un antiscorbutique? Les médicaments sont épuisés!! l'un des chirurgiens descend à terre, y rencontre une crucifère d'une espèce, il est vrai, nouvelle pour lui : mais à ses quatre pétales en croix, à ses six étamines de longueurs différentes, il ne peut s'y tromper! c'est bien la plante si nécessaire à ses malades! — Fort de sa science, il emploie avec sécurité cette herbe salutaire, et ramène en Europe tous ses marins guéris!

Crois-le, mon fils, la nature nous réserve de ces surprises à chaque pas. Je dirai même qu'elle nous prodigue ses bienfaits! — A nous de savoir les utiliser! Sans doute tu n'iras pas faire de voyages au pôle : mais rien ne t'empêche d'apprécier, sur place, les rapports des fleurs de la giroflée (fig. 65) avec celles de nos *corbeilles d'or*, de nos *thlaspis*, toutes plantes de pleine terre et qui offrent l'énorme avantage d'être d'une culture facile (1). On n'a pas besoin d'étudier à fond la science de l'horticulture pour posséder dans son jardin des *navets*, des *radis* et des *raves* ; mais remarques-en les fleurs : tu les trouveras semblables à celles de la giroflée! et sans la moindre peine!

ETIENNE. — Décidément, je vois que le plus commode et le plus sûr, c'est de s'en rapporter à la fleur.

LE DOCTEUR. — Ah! sans doute! mais ce n'est pas toujours aussi facile; et je ne t'engagerai pas, mon ami, à étudier l'inflorescence des GRAMINÉES (fig. 66), tu y perdrais ton latin et même ton temps! Cette grande association végétale, la plus importante au point de vue de l'alimentation de l'homme et des animaux, semble déjouer nos procédés habituels d'analyse. Ce sont des herbes si nombreuses, si délicates! Sais-tu qu'on en compte, Etienne, 5,668 espèces? et que leur proportion sur la terre entière est de 1;12 (2)? C'est qu'aussi

(1) Decaisne, *Traité d'horticulture*, p. 263.
(2) Lecoq, *Géographie botanique*, t. IX, p. 131.

Fig. 65. — Tige de Giroflée.

les *graminées* appartiennent à toutes les stations, à toutes les latitudes! Le modeste gazon se développe sur les pentes les plus abruptes : on le retrouve à la lisière des bois; — et toutes ces petites herbes folles que nous voyons au long des sentiers et des routes, que personne n'a semées et que le troupeau broute en passant, sont de la même grande famille encore! Le foin de nos prés, ce foin qui sent si bon quand on le fane, compte, je le sais, presque autant de fleurs que d'herbes! mais ce sont les graminées qui en font la base. Les céréales ont été cultivées par les hommes dès la plus haute antiquité; et la naïve reconnaissance des peuples attribuait à quelque divinité... Cérès ou Osiris! ce grand bienfait de la culture. — Le *riz* se cultive en Europe comme le *blé*, l'*orge*, le *seigle* ou l'*avoine*. Toutes les graminées, d'ailleurs, sont des plantes salutaires; et l'on ne compte dans cette famille qu'une seule espèce vénéneuse, l'*ivraie*, très-redoutée des agriculteurs (1)! — Quelques-unes atteignent un développement considérable; le *bambou*, si utile pour les constructions légères des pays chauds, a souvent 30 mètres de hauteur; cependant son cousin germain, le gazon vert, se foule aux pieds : y aurais-tu songé?

ETIENNE. — Que de choses on doit connaître,

(1) L'ivraie, dont la farine, accidentellement mêlée à celle du blé, a causé plus d'un empoisonnement. (Decaisne, *Traité d'horticulture*, p. 191.)

monsieur, quand on parcourt la terre ! qu'on vi-

Fig. 66. — Inflorescence en grappe ramifiée (Avoine).

site les pays lointains, avec tout ce qui y pousse !

LE DOCTEUR. — Inutile de s'en aller courir ! crois-moi ! Les produits étrangers s'acclimatent quelquefois chez nous, et l'industrie nous livre les plantes de toutes les régions. Nous faisons un grand commerce national de sucre de betterave : ce qui ne nous empêche pas de consommer en France, au dire de M. Pouchet, plus d'un million de kilogr. de sucre de canne ! Or, la *canne à sucre*, « ce roseau qui donne du miel, » selon l'expression d'un ancien Latin, est encore une magnifique graminée. Pense à toutes ces richesses quand tu traverses nos blés, mon cher Etienne, ét sois fier de ton pays ! Il n'a rien à envier aux autres peuples. Sa terre est belle, bonne, féconde : arrosée par de nombreuses rivières, elle répond à l'effort du cultivateur. Le *maïs*, ce blé indien que les Américains appellent « l'ami du pauvre, » peut venir chez nous, comme il vient chez eux. Nos coteaux vignobles sont les premiers du monde : nous avons des troupeaux, nous en aurons davantage en augmentant nos prairies. Et quand on connaîtra un peu mieux la botanique à la campagne, on préviendra la plupart des accidents qui ruinent quelquefois les plus belles espérances de récoltes...

ETIENNE. — Comment cela, monsieur ? La botanique ne saurait empêcher la pluie, par exemple ? et la pluie fait couler la fleur des blés ! C'est un malheur inévitable, celui-là !

LE DOCTEUR. — C'est un malheur, au contraire, qu'il faut prévoir et prévenir! En étudiant les phénomènes si intéressants de la floraison et de la fructification, on saura que les *fleurs s'envolent* sous le vent, ou se dispersent sous la pluie! Déjà l'on propose de passer une corde frangée sur la tête des épis pour fixer le pollen des étamines... Va! nos savants n'ont pas dit leur dernier mot! Et ce soir, ne sens-tu pas, mon ami, que la grande Nature nous communique sa bonté à travers l'air tranquille? On respire à l'aise et tout promet l'abondance! — Ah! le beau temps! qu'il fait bon à vivre à cette heure! — Mais le soleil s'en va, il est tard et tu n'as pas soupé ?

ÉTIENNE. — Adieu, monsieur; faites excuse si j'ai resté trop longtemps.

CHAPITRE III

LES POISONS VÉGÉTAUX

LE DOCTEUR. — Ne vous dérangez pas, mon cher Klein : restez sur votre échelle ! c'est sacré, un travail de bibliothèque !

M. KLEIN. — Ah! pardon, monsieur; permettez-moi de tout quitter pour causer avec vous. D'ailleurs, nous sommes en vacances, et j'ai bien le temps de m'organiser! ce n'est pas comme en hiver, où il faut tout ranger le dimanche matin. A midi, les lecteurs m'arrivent après la messe. — C'est l'heure du prêt des livres; chacun apporte son sou.

LE DOCTEUR. — Et c'est alors qu'il faudrait les retenir par une conférence, habilement préparée ! Ah! très-bien : vous avez reçu les images de notre botanique ? — Cela va vous aider pour votre enseignement, j'espère !

M. KLEIN. — Rien ne vaut la nature, monsieur! rien ne supplée surtout vos belles explications!

Mais il en faut prendre son parti : vous nous quittez chaque année aux feuilles tombées pour retourner à Paris! Les arbres et les champs se dépouillent à votre départ; et, faute de mieux, on se servira du maitre et des images pour apprendre l'histoire des végétaux!

Le Docteur. — Allons! allons! Ce n'est pas un médiocre résultat : voici des classifications très-bien établies! une planche par famille! Vous avez raison de les coller sur carton; il sera plus facile de suspendre ce matériel et de le décrocher en cas d'humidité de vos murailles. A ce propos, vous savez ce que je vous conseille toujours pour prévenir l'humidité dans la classe! Ventilez, mon cher ami! ventilez! avant, pendant et après : c'est votre salut et celui de vos enfants.

M. Klein. — C'est aussi le salut de mon mobilier scolaire, monsieur! Voilà des cartes neuves, des tableaux métriques et ces superbes images d'histoire naturelle? Oh! cela ne durerait pas longtemps si on ne les soignait pas!

Le Docteur. — Où en sommes-nous? Vous avez casé les *composées*, les *légumineuses*, les *crucifères* et les *graminées*? Très-bien! Cette planche des OMBELLIFÈRES me paraît assez claire.... Comme on les reconnait, ces belles espèces, à leur élégance, à la légèreté de leurs feuillages, à leurs fleurs presque toujours complètes, toujours petites, et toujours disposées en ombelle (Duchartre)! Dites bien qu'elles sont presque toutes

herbacées, et tantôt annuelles, tantôt vivaces. —
Que vos enfants s'exercent à distinguer ces tiges
creuses, sillonnées, parsemées de nœuds, sur lesquelles le pétiole des feuilles se dilate en une
gaîne, comme on le voit sur cette *angélique*
(fig. 67). Contez surtout, mon cher Klein, au sujet
de Socrate et de la Grèce, l'histoire de la terrible
ciguë : dites et redites que la famille de la *carotte*
ne doit pas être acceptée de confiance, et qu'on
en tire toutes sortes de drôgues plus ou moins fé-
tides (assa-fœtida — ammoniaque, etc.), utilisées
en médecine. Je n'aime pas laisser croire aux in-
génus que tout est parfait dans les champs, qu'il
n'y a qu'à se baisser et à prendre pour ramasser
les *simples* qui guérissent! Non! non! cela nous
regarde ; c'est déjà bien assez difficile pour les
gens du métier!

M. KLEIN.—Nos enfants savent, monsieur, que
la ciguë, un des poisons végétaux les plus énergi-
ques, composait ce breuvage que les anciens faisaient prendre à leurs condamnés à mort; et dans
la crainte de confondre cette plante dangereuse
avec le *persil*, ils observent qu'elle a ses feuilles
trois fois ailées et que ses fleurs sont blanches :
le persil, au contraire, ayant des fleurs jaunes et
des feuilles deux fois divisées au lieu de trois.

LE DOCTEUR. — Voilà une bonne recommanda-
tion! mais insistez, je vous prie, sur le principe
âcre et *laiteux* qui distingue les ombellifères :
mauvais renom pour une famille, je vous en aver-

tis ! sur cette simple étiquette des botanistes :
« narcotico-âcre, » on doit toujours se tenir en

Fig. 67. — Angélique.

garde ! Ce qui n'empêche, après plus ample in-
formé, de manger les *fruits* de l'*anis*, du *cu-*
min, du *fenouil* — de mettre à toutes les sauces

la *racine* de *carotte*, de *panais*, de *cerfeuil bul-*
beux; la *tige* du *céleri*, et même en confiture

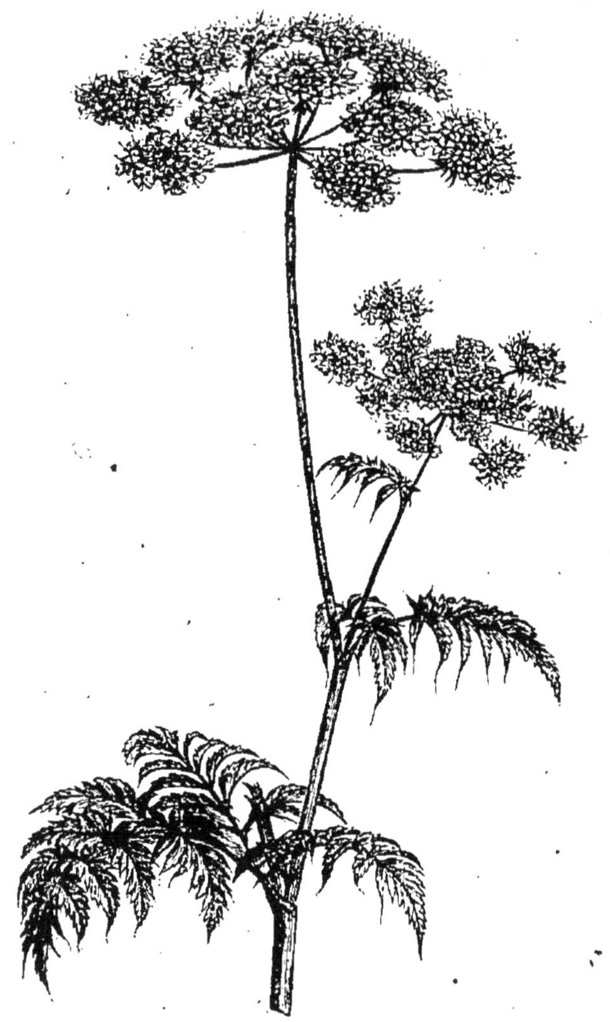

Fig 68. — Ombelle composée (Cerfeuil).

celle de l'*angélique ;* — enfin de saupoudrer nos
salades des *feuilles* du *persil* et de celles du *cer-*
feuil (fig. 68), toutes plantes parfaitement inoffen-

sives et alimentaires, bien qu'elles appartiennent, comme la *ciguë*, à la famille des ombellifères !

M. Klein. — Oui certes ! Monsieur, quelques détails sur les plantes qui nous entourent profitent à l'instruction : mais cela ne suffit pas pour déraciner les préjugés. On se croit si savant quand on ne sait rien ! C'est effrayant de voir autour du lit d'un malade les bonnes femmes réunies, chacune avec sa recette ! — On écoute souvent un vieux berger avec plus de respect que s'il avait ses degrés de la faculté ! Ah ! l'ignorance ! quelle misère !

Le Docteur. — Et plus les gens sont ignorants, plus ils sont téméraires, notez bien !

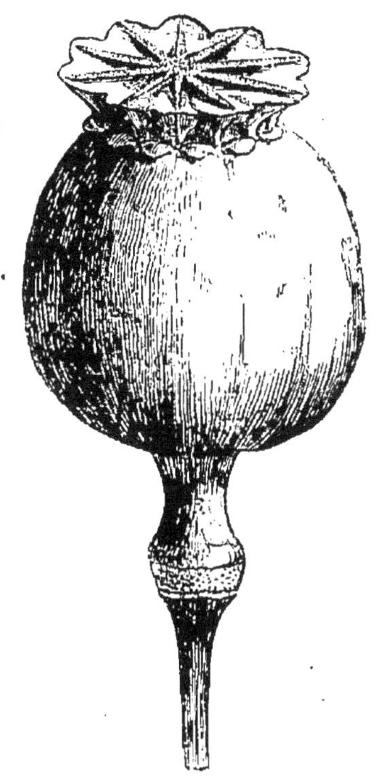

Fig. 69. — Capsule de Pavot.

Aussi je ne laisse jamais une plante dangereuse à la disposition des uns et des autres. S'agit-il d'une tête de pavot (fig. 69), dont on ne peut se servir en la dosant? je défends absolument de l'employer dans les tisanes et de l'absorber à l'intérieur.

M. Klein. — Sans doute vous recommandez de

choisir une tête bien séchée et débarrassée de sa graine?

LE DOCTEUR. — Oh! la graine est très-inoffensive, puisqu'on en fait une huile adoptée dans la cuisine et presque aussi fine, dit-on, que l'huile d'olives; mais le pavot est une PAPAVÉRACÉE, famille de vrais poisons! et par ce motif il en faut laisser le maniement aux pharmaciens et renoncer à l'administrer à peu près. La mère qui prépare une boisson pour son enfant en faisant bouillir une tête de pavot (1) pendant un temps plus ou moins long, peut l'endormir pour toujours, dans l'ignorance de son cœur, selon la réduction de sa tisane. On ne saurait trop le répéter! Et cela se conçoit, mon cher ami! La plante qui fournit un suc aussi puissant que l'*opium*, capable d'engourdir et de calmer les douleurs de l'homme, ne saurait être indifférente dans ses applications! Elle câlme ou elle tue : c'est tout l'un ou tout l'autre; soyez averti du péril!

Ces *papavéracées* constituent une famille asiatique, dont les espèces européennnes, peu nombreuses, croissent disséminées dans nos champs. La présence du *coquelicot* parmi les blés est due au transport de sa graine avec celles des céréales; et ses graines sont indéfinies comme les éta-

---

(1) Quand elles sont vertes, leur action narcotique a une assez grande énergie pour produire, parfois, des empoisonnements, effet dû à la morphine qu'elles contiennent. (Ed. Grimard, *la Plante*, t. II, p. 148.)

Fig. 70. — Pavot somnifère.

mines de la fleur. Leur nombre est d'autant plus grand que les semences sont plus fines. Un seul pied de pavot peut en donner, dit-on, jusqu'à 300,000 et couvrirait la terre en quelques générations.

M. KLEIN. — Il est heureux qu'on ait tiré parti de cette graine-là en agriculture. Mais nous n'avons pas par ici de culture d'œillette. Est-ce donc, monsieur, une espèce spéciale de pavots ?

LE DOCTEUR. — Pas le moins du monde ! La voici sur votre planche de botanique (fig. 70), cette espèce du *pavot somnifère !* On la cultive dans le nord de la France pour en tirer de l'huile, et la même plante est utilisée dans la Turquie et dans l'Inde, pour l'extraction de l'opium. Seulement chez nous c'est la graine qu'on emploie, et chez les Orientaux ce sont les *têtes* du pavot et ses *tiges*, dont on exprime une sorte de suc résineux.

M. KLEIN. — Comment ! monsieur, ces Chinois qui s'abrutissent en fumant de l'opium, au lieu de tabac, ne le cultivent pas eux-mêmes ?

LE DOCTEUR. — Soyez tranquille ! mon cher Klein, nos amis les Anglais savent porter en Chine cette denrée précieuse pour en rapporter du thé par la même occasion : partout ils s'entendent au commerce et beaucoup mieux que nous ! — Ah, bon ! voici encore, parmi vos papavéracées, la *chélidoine*, si commune le long des haies et des vieux murs. Je conseille à vos écoliers de ne point goûter le suc orangé de cette plante, vulgairement

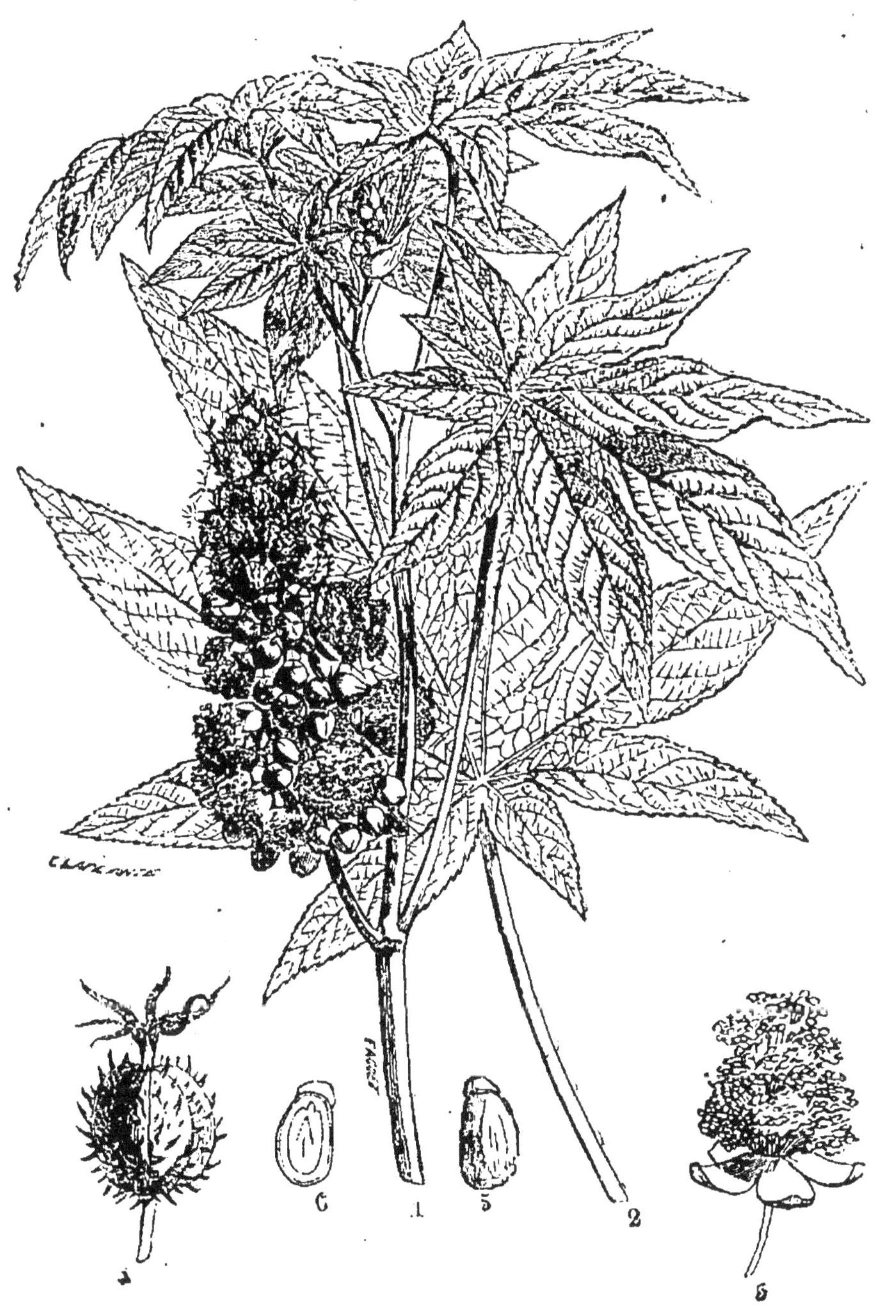

Fig. 71. — 1. Rameau portant une inflorescence dont les fleurs pistillées occupent le sommet. — 2. Feuille. — 3. Fleur staminée. — 4. Fleur pistillée. — 5. Graine. — 6. Coupe de cette graine.

appelée *éclaire* : d'abord il est très-âcre ; ensuite c'est un poison ! On l'emploie pour détruire les verrues : et il ne convient guère à l'estomac ! D'ailleurs, les propriétés actives du suc laiteux des plantes ne peuvent être mises en doute. Tenez ! voici encore le vaste groupe naturel des EUPHOR-BIACÉES qui va confirmer mon dire ! Aucune famille végétale ne contient un plus grand nombre de poisons ! de plantes vénéneuses ! C'est à tel point qu'on leur accorde rarement les honneurs de la culture. Je ne vois guère dans nos jardins que le *buis*, qui sert à la bordure des allées et qui fait, d'ailleurs, un bel arbuste d'ornement ; et le *palma-christi* (fig. 71), dont nous faisons aussi une plante d'ornement... Eh bien ! ces espèces ne sont inoffensives ni l'une ni l'autre. En Perse, où l'on élève des chameaux, ces animaux meurent dès qu'ils ont brouté les branches du buis, dont ils sont très-friands ; quant au *ricin*, arbre d'Asie (1) qui reste chez nous à l'état de plante *annuelle* et *herbacée*, les qualités purgatives de l'huile qu'on tire de ses graines sont assez connues. Dès que le médecin parle *huile de ricin*, les enfants font la grimace ! Voilà donc deux *euphorbes*, violentes toutes les deux ! Elles doivent apprendre à respecter ces plantes, d'aspect triste, qu'on rencontre au bord des chemins, le *réveille-*

-----

(1) C'est un arbre qui s'élève jusqu'à 6 ou 7 mètres. (De Candolle, *Flore*, t. III.)

matin, la *tithymale*, si remarquables par le lait blanc qui s'échappe en gouttelettes de leurs tiges brisées. Leurs fleurs sont généralement très-petites et toujours *incomplètes* (les unes *pistillées*, les autres *staminées*). Le fruit en est sec ou légèrement charnu (Richard). Ces caractères les font facilement reconnaître. — On en compte plus de mille espèces répandues dans le monde entier; mais sans être aussi meurtrières que celles des climats chauds, nos euphorbes sont fort dangereuses ! et je vous prie bien, mon ami, de le noter.

M. KLEIN. — Ah! voilà la difficulté, monsieur : pour signaler tout ce qui est utile, tout ce qui est nuisible, il faudrait inspirer de la confiance; et les habitants des campagnes sont persuadés qu'à part celui qui cultive, personne n'entend rien aux végétaux! Ils n'ont aucun respect pour la science.

LE DOCTEUR. — C'est tout naturel! on ne respecte que ce qu'on connaît; ou, faute de lumières, la foule se contente d'adorer les effets sans remonter aux causes. Pour les anciens, chaque force était un dieu — le vent, la mer, les moissons! Pour l'humanité progressive, au contraire, la science enseigne ce qu'il faut croire et ne pas croire — elle montre l'universelle harmonie des forces, et la volonté divine à laquelle rien ne peut résister! En passant, notez la progression morale, je vous prie. Le sauvage habitant de l'Afrique centrale connaît les propriétés terribles de la grande euphorbe d'Éthiopie—il empoisonne ses flèches dans le lait euphorbia, — tandis que chez nous, cette famille dangereuse, utilisée par la médecine, sert à soulager nos semblables au lieu de servir à les détruire ! — Si barbares que nous soyons encore, je préfère le second emploi au premier ! Nous finirons peut-être par trouver dans la nature un secret pour nous aimer les uns les autres !

M. KLEIN. — Ce beau temps de la fraternité humaine que nous nous plaisons tous à rêver, me semble, monsieur, trop beau pour ce monde : nous n'en jouirons qu'après notre mort ! car, depuis Caïn, la haine a partagé les cœurs. Qui donc oublie son intérêt pour celui d'autrui ? Pas grand monde avec vous !

LE DOCTEUR. — Eh ! mon ami, l'homme a besoin de ce mobile qui le pousse à l'action ! Il croit servir ses intérêts commerciaux, et ne s'aperçoit pas qu'il sert ceux de l'humanité entière ! Et c'est encore le produit végétal qui nous prépare ce résultat. De nombreux navires se chargent aux tropiques pour venir apporter sur les quais de Liverpool et du Havre le sucre, le coton, les bois de teinture et les épices. Des forêts de la Guyane, où elle pousse, la grande euphorbe *siphonia elastica* nous préserve des rhumes dans nos brouillards et finira par supprimer les parapluies ! C'est elle qui fournit le *caoutchouc*, sans culture spéciale ! Il suffit de laisser reposer pendant quelque temps le suc laiteux extrait de la plante, pour qu'on voie les globules apparaître à la surface, comme la crème dans le lait. Je ne saurais vous dire quelle quantité incroyable de cette matière on exporte chaque année des ports de Para (Amérique du Sud)! Et ce n'est pas la seule euphorbe dont l'industrie tire un grand parti. Dans toute l'Amérique centrale, l'esclave noir et le nègre libre remplacent notre pain blanc et le riz (Schleiden) par le *tapioca* et la *cassave*, farine extraite des énormes tubercules du *manihot* (voir fig. 17).

M. KLEIN. — En voici une, au moins, qui n'est pas vénéneuse, malgré sa mauvaise famille ?

LE DOCTEUR. — Si bien, ma foi ! Cette même racine contient un poison des plus violents, dont la débarrasse un certain procédé de dessiccation. Et quand nous mangeons en Europe, avec une insouciance complète, notre soupe au *tapioca*, nous ne savons guère quelle plante nous procure cette belle fécule, si parfaitement alimentaire et d'une origine si dangereuse (Decaisne). Il faut cependant y revenir et insister sur les propriétés générales des euphorbiacées. Dans certaines espèces, une seule goutte du suc laiteux, déposée sur la peau, y fait naître des ulcères difficiles à guérir. L'huile de *croton* nous sert à établir des vésicatoires ! — Jugez s'il n'est pas absurde de se frotter les yeux avec le lait de pareilles plantes, lorsque l'on veut s'éveiller de bon matin ! On peut, tout simplement s'éveiller aveugle, rien que cela ! Contez même à vos élèves, mon ami, que ce terrible accident est arrivé à des voyageurs qui se mirent à abattre une *euphorbe arborescente* (1), dans les solitudes inexplorées. Quelques connaissances élémentaires mettent à l'abri d'aussi cruelles expériences personnelles, qu'il vaut toujours mieux, en toute ignorance, ne pas tenter.

M. KLEIN. — Après cela, monsieur, ces aventuriers des déserts font peut-être, comme on dit, feu de tout bois : ce sont des diables !

LE DOCTEUR. — Hé! quels services ne doit pas la civilisation, mon cher Klein, aux explorateurs aventureux ! Sans eux, bien certainement, cette famille exotique des SOLANÉES, que voici, n'aurait pas quitté pour nous les régions équatoriales. Elle renferme de terribles poisons, je n'en disconviens pas : mais pour la seule *pomme de terre* (ou morelle tubéreuse), qui en fait partie, je salue avec reconnaissance le continent sa patrie et ceux qui l'en ont apportée ! Une plante qui souvent supplée le pain a droit à tout notre respect ! D'ailleurs, la pomme de terre a des sœurs, moins utiles, qui pourtant se laissent aussi manger en toute sécurité : tels sont les baies allongées et violettes de l'*aubergine;* le fruit rouge de la *tomate* (pomme d'amour) ; le *faux-piment* ou petit cerisier d'hiver. Ajoutons à ces innocentes

(1) « Dont le suc, jaillissant en gouttelettes sous les « coups de la cognée, a plus d'une fois fait perdre la vue « aux imprudents qui essayaient d'abattre ces arbres. » (Decaisne, *Traité d'horticulture*, p. 242.)

morelles (au nombre de 300) le *bouillon blanc*, qui s'infuse en tisane ! puis halte là ! pas d'emploi hasardé de ces terribles plantes, si puissantes aux mains de la science ! et qu'on a appelées les *consolantes*, tant elles consolent et apaisent les maux, trop bien même ! si on en abuse. Voyez quels désordres arrive à produire le *tabac*, dont l'usage abusif est répandu chez tous les peuples ! Nos messieurs ne se disent pas qu'ils ont emprunté cette passion funeste aux sauvages d'Amérique — et ils continuent de se narcotiser à plaisir ! Toutes ces Solanées ont cependant un air de famille qui devrait les rendre suspectes, avec leurs fleurs complètes à corolle monopétale taillée en *roue* ou en *cloche* (fig. 72), avec leur as-

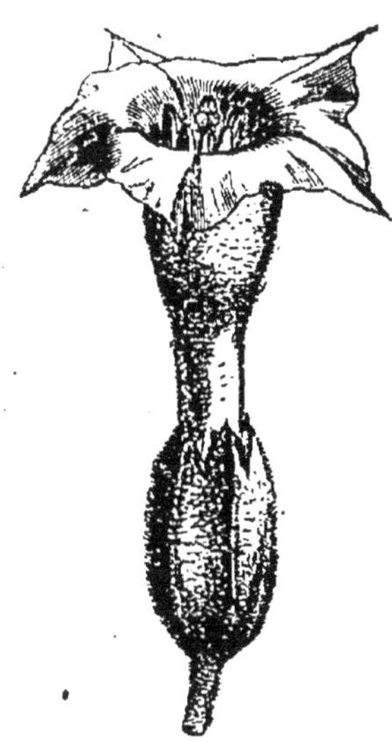

Fig. 72. — Fleur du Tabac (corolle en cloche).

pect sombre, leur odeur désagréable. Les plantes les plus vénéneuses que nous ayons dans notre Europe appartiennent à ce groupe, et toutes nous viennent d'Asie : la lugubre *jusquiame* noire, à fleurs jaunes ; la *belladone* à tige velue ; le *datura* pomme épineuse ! Une collection de beaux noms et de terribles personnages ! Presque tous ont des fruits qui occasionnent un délire maniaque et souvent la mort ! A l'exception du *pétunia*, il n'est

Fig. 73. — Mauve sylvestre.

pas sans inconvénient de les introduire dans nos cultures de jardins ; et les magnifiques cloches blanches du *datura suaveolens*, si recherchées pour leur parfum, ne peuvent être respirées longtemps sans danger. J'ai eu souvent l'occasion d'en observer les puissants effets (1) et je ne cesserai de répéter que de tous nos *poisons végétaux* la famille du tabac est la plus perfide.

M. KLEIN. — Et ce sont précisément, monsieur, ces fameuses plantes que la médecine utilise ! En les dosant, en appréciant leurs qualités, en étudiant la maladie et le remède, vous avez souvent le bonheur de guérir vos semblables !

LE DOCTEUR. — Mon ami, rappelez-vous ceci : ce n'est jamais le médecin qui guérit ! c'est la nature, force immense, infinie de toutes les énergies qu'il doit étudier sans cesse ! Il assiste le malade, le soutient, le soigne ; Dieu seul guérit ! Si des plantes âcres offrent leurs propriétés stupéfiantes pour engourdir les maux, n'en trouvons-nous pas de bien douces qui apaisent aussi bien ! Que d'inflammations, que de panaris sont journellement calmés par l'application d'un cataplasme de guimauve ! Les voici, ces bonnes MALVACÉES qui font contraste avec les autres familles farouches ; toutes inoffensives, quelques-unes ont une valeur économique de premier ordre, depuis la *mauve sylvestre* qu'on appelle la grande mauve (fig. 73)

(1) Ferd. Hoëfer, *Botanique pratique*, p. 234.

et la *guimauve* dont on utilise la racine, jusqu'à ces importants végétaux d'Amérique : le *cotonnier* qui nous habille ! le *cacaotier* (1) dont nous mangeons le fruit, broyé en chocolat ! Vous le voyez, les services rendus par une famille de plantes ne se proportionnent pas à l'énergie de ses propriétés. Les unes, émollientes, calment et adoucissent ; les autres, stimulantes et âcres, calment en empoisonnant. Et la science, par ses habitudes d'observation, détermine la mesure et la dose. Elle hésite, elle cherche, elle se base sur l'expérience et l'examen. C'est tout ce qu'on peut raisonnablement lui demander jusqu'à présent ; et c'est déjà beaucoup !

(1) Le cacaotier, de la tribu des Buttnériacées, fournit le cacao, dont on fait le chocolat (Malvoïdées, Duchartre).

CHAPITRE IV

JARDINS ET FORÊTS

> Les végétaux changent de mœurs
> et d'habitudes sous l'influence conti-
> nue de l'homme.
>
> (Boscowitz.)

Le Docteur. — Très-volontiers, mon ami ! Je te
donnerai des boutures quand la saison sera favorable et tu te feras un petit jardin de roses superbes. Il n'y a rien de si simple. Thérèse choisira
avec toi dans ma collection.

Etienne. — Monsieur, vous êtes bien honnête.
Ce sera une joie pour toute la famille, et surtout
pour la mère, qui reste toujours à la maison. Des
fleurs, cela distrait ! et quant à moi, depuis que
la botanique me trouble les idées, je suis étonné
de tout ce que je vois. Je n'y avais point songé
encore, et ces grosses touffes fleuries me parais-
saient ce qu'il y a de plus naturel. A présent, le
point de départ me revient dans l'esprit... Par le
fait, notre simple rose églantine (voir fig. 43) et
celle-ci, par exemple, cela fait deux, pour le coup !

Entre l'une et l'autre, la différence est grande.

LE DOCTEUR. — Ah ! c'est toujours ma préférée ! la belle, la surperbe rose à *cent feuilles !* Quelle fraîche et lourde fleur, penchée sur sa tige, et quel parfum délicieux ! Il est certain que depuis son grand-père l'*églantier* sauvage, ce rosier-là a fait du chemin en se perfectionnant !

ETIENNE. — La culture obtient tout cela, monsieur, et bien autre chose ! Cependant, permettez : la loi de nature, dans sa grande fixité éternelle, devrait empêcher tout changement. Comment peut-on par le terreau, par la bonté de la terre, par la chaleur du fumier et tous les châssis de verre, faire une grosse fleur avec une petite ? et la doubler toute semblable à un chou pommé ? Cela m'étonne !

LE DOCTEUR. — Vois-tu, Etienne, messieurs les horticulteurs ont pour ambition de faire ce qu'ils veulent ; mais sois sûr, malgré toute leur habileté, qu'ils n'obtiennent rien de dame Nature sans qu'elle y ait d'elle-même consenti.

ETIENNE. — Oh ! je le pense bien !

LE DOCTEUR. — L'observation seule des lois de la nature peut amener toutes nos variétés, toutes nos conquêtes. Au moment où nous croyons les vaincre, c'est un nouvel hommage qu'il faut leur rendre ! La plante, qui a su transformer ses feuilles en étamines, va continuer ses transformations et changer ses étamines en autant de *pétales* colorés ! C'est ainsi que les fleurs les plus riches en étamines deviennent doubles plus facilement que les autres (1), sous l'influence de la culture.

Étienne. — D'accord, monsieur, et pourtant s'il suffisait d'étudier dans le livre du *Bon Jardinier*, de taillader les arbres ou d'écussonner les roses pour changer la face de la terre, on verrait petit à petit les races et les espèces disparaître. A force de renouveler la culture, l'homme se ferait un monde nouveau qui ne serait plus du tout pareil à celui des temps reculés ! Croyez-vous que cela soit permis ?

Le Docteur. — Sois tranquille, mon cher Étienne ! le fondateur des empires terrestres ne va pas si vite en besogne ! et pour qu'il puisse se vanter d'avoir transformé une plante, il lui faut des siècles ! de longs siècles ! Car il ne suffit pas d'obtenir un caractère différent entre une espèce ou une autre : ce caractère doit se conserver, devenir *permanent :* ou bien on n'a rien de fait (2) et tout est à recommencer ! On sait cela dans la culture *artificielle* et aussi dans la grande culture ! Observe un peu, mon ami, la lenteur des modifications obtenues ! notre blé actuel est le

----

(1) Les fleurs qui, en devenant doubles, prennent le plus grand nombre de pétales supplémentaires, sont en général celles qui, dans leur état naturel, possèdent le plus d'étamines, comme la rose. (Duchartre, *Éléments de botanique*, p. 446.)

(2) Il est nécessaire, pour qu'une espèce existe, qu'elle reste longtemps dans les mêmes conditions. Alors elle acquiert la *stabilité*. (Lecoq, *Géographie botanique*, t. I⁰ʳ, p. 197.)

résultat d'une longue série de siècles... de travaux successifs, d'efforts constants!.... L'origine du plus grand nombre des plantes cultivées se perd dans la nuit des temps. Nous savons d'ailleurs que tous les types n'ont pas apparu en même temps sur la terre, et ma seule collection de roses est là qui le prouve assez! Vois cette rose rouge (fig. 74) qui n'est qu'une *semi-double* : comme elle a conservé la moitié de ses étamines, tu y distingues facilement la métamorphose des étamines en pétales.

ÉTIENNE. — Monsieur, la famille des roses doit être terriblement nombreuse! Vous en avez de toutes les grandeurs, des blanches, des jaunes, des foncées!

LE DOCTEUR. — Oh bien, tu n'y es pas! mais les roses, si nombreuses soient-elles, ne forment qu'un *genre* dans la vaste classe des ROSACÉES, qui comprend cinq familles! Tu t'y perdrais, si je voulais tout te nommer. Borne-toi, comme toujours, aux caractères généraux. Dans nos Légumineuses, le fruit (la gousse), rappelle-toi, est la partie la moins variable. Dans les Rosacées; au contraire, c'est le *fruit* qui varie le plus et la *fleur* qui varie le moins (Duchartre). Elle est très-uniforme, toujours régulière et presque toujours à cinq pétales. Compare la fleur de l'*aubépine*, celle du *fraisier*, celle de cette *ronce* à fruit bleuâtre (fig. 75) qui est la cousine de notre *framboisier !* Ce beau groupe comporte nos fruits les plus ex-

quis, nos poires, nos pommes, nos cerises, nos
pêches, nos prunes et nos abricots. Mais ne va

Fig. 74. — Rosier rouge.

pas essayer, par exemple, en améliorant ton verger, de greffer un *poirier* sur un *pommier*; tu n'en
viendrais jamais à bout !

ETIENNE. — Je le sais bien, monsieur ! Dans le jardin d'école, tous nos scions périssaient et dè avant la seconde année ! sans manquer.

LE DOCTEUR. — Hé mais, tu connais ton affaire, alors ? te voilà renseigné ! Que me demandais-tu donc ce qui t'est permis, ce qui t'est défendu ! La nature te répond, en maintenant dans ses classes un ordre absolu. Elle t'interdit de greffer unpeuplier sur un chêne, un saule sur un abricotier.

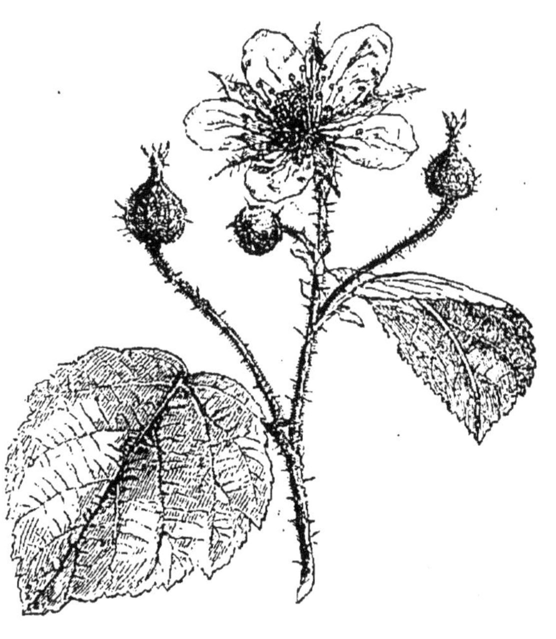

Fig. 75. — Ronce à fruit bleuâtre (Rubus cœsius).

On peut toujours greffer une espèce sur une autre du même genre ou du genre voisin : témoins le *poirier* sur le *cognassier*, le *pêcher* sur le *prunier* ou sur l'*amandier;* mais jamais tu ne peux sortir de la même famille : l'expérience en est faite. Le *lilas,* qui se greffe sur le *troëne,* ne reprendrait pas sur un *chèvrefeuille!* Il nous faut bien, malgré nous, respecter ces obstacles naturels. Nous avons fait le blé et la rose à cent feuilles; mais la longueur du temps a pu seule amener ces progrès. Les végétaux n'arrivent à cette *stabilité de l'habitude*, comme disent les botanistes, qu'en perdant leur acte de naissance (Lecoq).

ÉTIENNE. — Et puis, en outre, monsieur, il y a encore autre chose que la greffe pour modifier un, végétal... par la poussière de la fleur... qui s'envole de l'une à l'autre?

LE DOCTEUR. — Parbleu! la multiplication des plantes dépend avant tout de la fécondation de la fleur, cela est certain! A chaque floraison nouvelle, le grand miracle de la nature s'accomplit et propage la vie dans le monde! mais ne t'imagine pas, mon cher Étienne, que le vent qui souffle, les abeilles qui volent et tant d'autres petits insectes qui vont de fleur en fleur puissent confondre les espèces? Non! jamais rien ne se modifie en dehors de ce que la nature permet. Le vent qui disperse quelquefois une quantité de pollen assez prodigieuse pour faire croire à des pluies de soufre : ce vent qui féconde les palmiers du désert, ne pourra jamais, sur un point quelconque du globe, porter à une campanule (fig. 76) la poussière staminale d'une rose! et la corolle monopétale des CAMPANULACÉES restera toujours toute d'une pièce! Ainsi la conservation de l'espèce est assurée par la multiplication des individus qui la composent, et nous ne pouvons rien faire que de constater la fidélité de ce résultat. Je t'ai déjà

cité plusieurs familles : tu comprends que les caractères qui les distinguent perdraient toute fixité

Fig. 76. — Campanule (corolle monopétale).

si les modifications d'un végétal à l'autre dépen-
daient du transport de leur pollen, emporté dans
l'air.

ÉTIENNE. — Eh bien, voyez, monsieur, comme j'avais mal compris. Je croyais pourtant que, dans les beaux jardins, les parcs soignés par de savants horticulteurs, on obtenait ce qui s'appelle des variétés au moyen du pollen des fleurs ; j'ai mal compris.

LE DOCTEUR. — Pas du tout, mon ami ! tu es encore dans le vrai ; expliquons-nous. Ces variétés s'obtiennent, et lorsqu'on veut féconder une plante par une autre, il est indispensable d'abord (toujours comme pour la greffe) qu'il existe entre elles une analogie marquée de caractères. On fécondera très-bien une *sauge* (fig. 77) par une autre sauge : mais cette fécondation croisée, qu'on appelle *hybridation* (1), procure des graines dont le semis amènerait le retour aux types originaires !

Fig. 77. — Fleur de Sauge
(famille des Labiées).

Ainsi, lorsque les jardiniers ont transporté, à l'aide d'un pinceau fin ou d'une barbe de plume, le *pollen* des étamines d'une fleur sur le *pistil*

(1) Ce qui est possible quand l'homme vient interposer son influence n'est pas toujours réalisable dans la nature, et les hybridations, si fréquentes en horticulture, se pratiquent rarement par les mêmes procédés dans les plantes spontanées. (Lecoq, *Géographie botanique*, t. Ier, p. 158.)

d'une autre fleur (dont ils ont enlevé les étamines), ils ont recours au bouturage, à la greffe,
ou à tout autre procédé semblable, pour con-

Fig. 78. — Fleurs du Melon. — 1. Fleur staminée. — 2. Fleur
pistillée.

server cette acquisition nouvelle (Duch., *Bot.
phys.*, 614), et ils ne la *sèment* point.

Etienne. — Ah, maintenant je comprends! et

je vois avec plaisir que la nature ne peut pas être
changée. Il faut même une grande attention, une
grande étude... mais au fait, on se tromperait,
que cela n'y ferait rien !

LE DOCTEUR. — Il est intéressant de constater
par ces résultats la puissante loi constitutive des
végétaux. Lorsque nous mangeons un *melon*, par
exemple, qui a un goût de *citrouille* (fig. 78),
c'est qu'une fécondation croisée s'est opérée, à
l'insu du jardinier, entre les plantes d'un même
potager, et cela parce que ces plantes sont cou-
sines (1), bien entendu ! N'oublie pas l'analogie !
Mais si le jardinier est habile, il prévient cet accident et bien d'autres ! Tous nos légumes améliorés sont ainsi des conquêtes, graduellement
obtenues. L'influence de l'homme sur la culture
est donc incontestable, s'il veut se contenter d'é-
tudier, comme je te le disais, Étienne, ce qui lui
est permis, ce qui lui est défendu. Se maintient-il
dans la limite de la loi divine, il se fait créateur à son tour, dans une certaine mesure ; mais
s'il veut contredire la nature, l'œuvre de son esprit ou de ses mains n'a pas de durée. Sa seule
occupation rationnelle sur la terre, son seul devoir consiste en ceci : étudier la loi de nature et y
conformer ses actes.

ÉTIENNE. — Et encore, monsieur, il importe
de noter la température d'un pays ou d'un autre !

______

(1) Famille des CUCURBITACÉES, courges, potirons, ci-
trouilles, concombres.

M. Klein nous le dit toujours : tout sol , dit-il, ne produit pas tout. Les uns récoltent du vin, les autres n'en ont point !

Le Docteur. — Non-seulement , mon ami, les différences de latitude, mais la simple exposition modifie les végétaux. Plusieurs plantes ont des formes particulières quand elles croissent dans la plaine ou quand elles habitent les montagnes. Les arbres notamment, les arbres qui forment de grandes associations végétales , qui se groupent en *forêts* , varient entièrement d'aspect du Nord au Midi.

Etienne. — Oh ! les bois ! c'est si beau ! Doit-on s'ennuyer assez dans les pays à blé, de ne point voir d'ombre ! de regarder à perte de vue !

Le Docteur. — Il y a quelque chose à voir et à observer partout, mon cher garçon ; mais j'en conviens, la musique des feuilles me captive comme toi ! surtout celle de nos arbres *feuillus*, ainsi nommés par opposition aux arbres à résine qui n'ont pas de feuilles, mais bien des aiguilles. Je ne connais rien de plus imposant qu'un vieux chêne, et notre France en compte de beaux dans nos forêts de Bourgogne ou des Ardennes ! quel vigueur dans ce vieux tronc ! quelle audace dans cette tige élancée ! Voilà une plante qui confond la pensée quand on se dit qu'elle sort de ce petit gland (fig. 79) appuyé sur une *cupule*. N'oublie pas le nom de ce petit godet du gland ! C'est lui qui détermine la famille des CUPULIFÈRES (1), si répandue dans nos pays. Quelquefois cette cupule recouvre le fruit en totalité, comme dans le *châtaignier* et dans le *hêtre* : les *faînes* du hêtre donnent de l'huile, les *châtaignes* contiennent une fécule parfaitement alimentaire ; la *noisette*, moins utilisée, se laisse très-bien manger : demande à Madeleine ! Et tous ces fruits attestent la parenté du gland du chêne, par leurs *cupules* (2). Les fleurs de cette famille, comme celles des SALICINÉES (saule, peuplier), sont toutes *incomplètes* : les pistillées d'une part, les staminées de l'autre, sont même quelquefois ré-parties sur des arbres sé-parés. Mais dans le chêne elles se trouvent réunies : les fleurs *pistillées* et les fleurs *staminées* sont voi-sines, sur la même branche. Sais-tu que nos aïeux ont mangé des glands, et qu'à présent même les classes populaires, en Espagne, en Algérie, font entrer les fruits du chêne à *glands doux* pour une large part dans leur alimentation ?

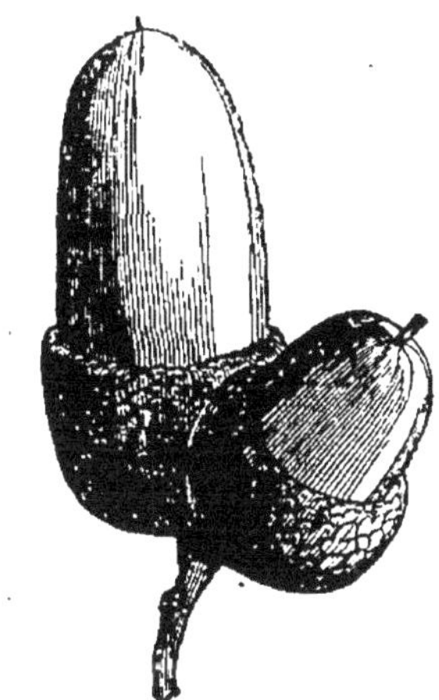

Fig. 79. — Fruit du Chêne (famille des Cupulifères).

ETIENNE. — Pour lors, c'est une espèce d'arbres très-différents de nos chênes, monsieur, car pour

---

(1) De la classe des *amentacées*.

(2) *Cupula*, petite coupe. La cupule est propre aux fleurs femelles, aux fleurs pistillées.

les glands d'ici je ne sais pas qui voudrait y goûter, à moins d'une grande disette!!

LE DOCTEUR. — Les espèces de chêne? ah bien, nous ne les connaissons pas même toutes en France! Il faut, d'abord, distinguer celles à feuilles caduques et celles à feuilles persistantes : il y a le *chêne vert*, connu pour la dureté et la longue durée de son *bois*, qu'on utilise pour les essieux, les poulies ; il y a le chêne *liége*, remarquable par son *écorce* spongieuse, crevassée, qu'on enlève tous les sept à huit ans sans nuire à l'arbre et dont on fabrique, entre autres choses, les bouchons des bouteilles. Il existe en Grèce une espèce de chêne dont les grandes cupules servent à la fabrication de l'encre et à la teinture (1) en noir. Enfin, mon ami, tu débites toute la journée du bois de chêne pour tes travaux de charronnage et tu sais quel parti on en tire dans nos constructions, dans nos toitures. Nos grands-pères les Gaulois, qui possédaient de plus belles forêts que nous, avaient bien raison de considérer le chêne comme un arbre sacré! A Rome, on en faisait la couronne civique du citoyen le plus vertueux. Les temps se suivent et ne se ressemblent guère. Nous autres, nous tannons le cuir de nos bottes avec l'*écorce* du chêne, et nous ne songeons pas à chercher, dans le silence de la forêt, l'oracle de nos destinées! Pour bien des gens, la forêt ne dit plus rien, hélas!

(1) Richard. — Decaisne. — Ferd. Hœfer.

ÉTIENNE. — Eh bien, monsieur ! ce silence-là, moi je le trouve superbe. A la tombée du jour ! quand les branches se calment, on entend la moindre feuille, d'abord ! et les oiseaux qui se couchent au faîte le plus touffu ! Tous les soirs c'est un bruit nouveau, un jour plus fort, un jour plus doux ! Ceux qui ne connaissent pas la douceur qu'il y a dans le bois n'ont jamais rien vu et rien entendu ! C'est mon opinion !

LE DOCTEUR. — Hé ! mon brave enfant, je t'engage à la garder toujours, ton opinion ! On ne saurait trop, vois-tu, être de son pays ! le sentir, et l'aimer ! Quand j'arrive de Paris — que je respire l'odeur un peu âcre et amère de nos feuillages de saule, je me retrouve un homme nouveau, le vrai fils de mon village, et toute mon heureuse enfance me revient dans un souffle d'air pur ! La ville jamais ne donnera de ces joies profondes ; le retour au milieu de la végétation aimée redonne la paix du cœur.

ÉTIENNE. — Il est certain, monsieur, que dès qu'on a passé le moulin de Blacy, l'air est changé ! Ce n'est plus le même, et dans aucune contrée on ne trouve sans doute d'aussi belles ombres ?

LE DOCTEUR. — Cher fils, chacun de nous tourne les yeux vers son village avec amour, que les aspects en soient tristes ou sereins ! Même les contrées polaires couvertes de neiges sont chères à leurs habitants ; et les forêts d'arbres toujours verts, qui s'étendent au nord de l'Europe, impres-

sionnent le voyageur par leurs senteurs parfumées.
On constate que si des espèces s'affaiblissent parmi les richesses forestières (1), d'autres leur succèdent. Il y a lutte entre les Conifères et les arbres à larges feuilles. Ainsi le *bouleau* tend à disparaître : le *sapin* prospère au contraire, comme tous les CONIFÈRES en général. Cette classe de végétaux tire son nom de son fruit, qui cache et enveloppe les graines dans un *cône* écailleux (fig. 80). On ne voit guère de forêts de pins dans nos pays du Centre : on ignore ce phénomène du pollen de ces arbres, que le vent soulève en véritables nuages de poussière jaune, dans le moment de la floraison (2).

ETIENNE. — N'est-ce pas, monsieur, les pins, les sapins, c'est tout un : des feuillages sombres qui ne tombent point en hiver ?

LE DOCTEUR. — Oui ! ces arbres conservent leurs feuilles en toute saison, et leur suc propre est presque toujours résineux : mais ils diffèrent entre eux par leurs feuilles mêmes, qui sortent d'une gaîne chez les *pins*, et qui au contraire, dans les nombreux *sapins, mélèzes, ifs, cèdres*, etc., sont

---

(1) Il y a des forêts qui, à certains intervalles, changent entièrement leur essence ; composées de chênes, elles se peuplent de hêtres ; réciproquement les hêtres font place aux chênes.

(Ed. Quinet, *la Création*, t. II, p. 343.)

(2) Comme les Amentacées, les Conifères ont leurs fleurs incomplètes, monoïques ou dioïques. (De Candolle, t. III.)

toujours assez petites et solitaires (sans gaîne).
On leur donne souvent le nom d'*aiguilles*. Il
existe dans les forêts du Nouveau-Monde de gigantesques *sequoia* qui ont jusqu'à 100 mètres de
haut ! C'est bien de ceux-là qu'on peut dire : « Les
plus petites fleurs pro-
duisent les plus grands
arbres ! » et leur dé-
veloppement, tout
spontané, ne doit rien
à l'intervention hu-
maine ! Attachés au
sol moins profondé-
ment que les chênes,
les arbres résineux
sont, je l'avoue, sou-
vent déracinés par les
ouragans : mais quelle
force de résistance ils
ont mise dans leurs
tissus ! Les richesses
emmagasinées par la
plante pendant sa
lente croissance nous

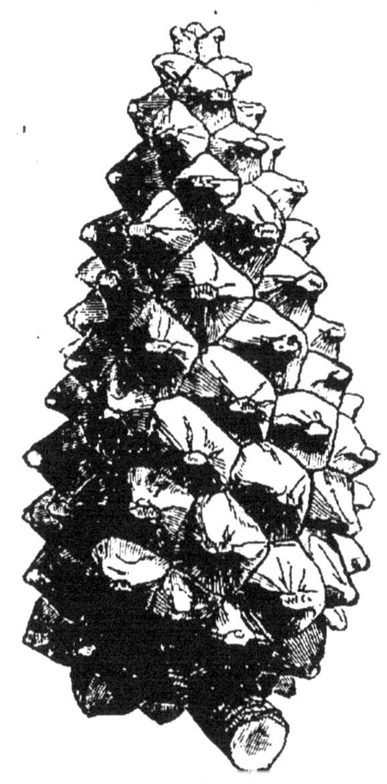

Fig. 80. — Fruit du Pin (Conifères).

donnent ensuite ces *résines*, ces *goudrons*, que
l'industrie applique à de nombreux usages et
qui font la sécurité du marin. Sans navire, point
de commerce lointain ! Les premiers navigateurs,
pour se lancer sur les flots, ont trouvé dans la
forêt prochaine les cèdres au bois précieux : et

Tyr a dû sa grandeur à la plante ! et les hommes
de l'avenir lui devront cette fraternité qui rappro-
chera les extrémités du monde ! Alors comme
aujourd'hui, tu le vois, mon cher fils, c'est la nature encore qu'il en faudra bénir !

LIVRE IV

LE FRUIT

CHAPITRE PREMIER

UN VERGER

LE DOCTEUR. — Eh bien! Jacques! vous atten-
diez-vous à un tel succès? tous nos poiriers gref-
fés? sans en manquer un seul! c'est un peu joli!

JACQUES. — Monsieur, j'aimerais mieux n'a-
voir pas réussi nos écussons et récolter sur les
autres arbres! De ma vie je n'ai vu pareille année
pour les fruits à couteau : pas une pomme! pas
une poire! Ah! les gelées tardives de la fin
d'avril nous ont fait bien du tort! on s'en sou-
viendra! tous les jardins sont dépouillés.

LE DOCTEUR. — Hé! je me réjouis, au contraire, mon brave ami, de l'excellence de ma

combinaison démontrée par la preuve. Mes greffes en écusson à *œil dormant* (fig. 81) faites en automne (1), aux premiers jours de septembre, sont restées immobiles tout l'hiver et jusqu'au printemps. — Elles ont poussé alors avec vigueur : mais leur floraison, un peu tardive les a mises à l'abri de la gelée. C'est ce qui s'appelle jouer de bonheur ! et nous pourrons goûter nos espèces transformées (2) !

JACQUES. — Vous voilà content plus qu'un roi ! et tout de même si vous aviez vu la vallée deux jours avant la reprise du froid, vous en auriez regret. On eût dit une neige de fleurs ! un paradis d'abondance et de promesse, quoi ! C'est bien dommage de ne pas profiter de tout ce qui a fleuri.

LE DOCTEUR. — Ah ! la plante, pour assurer la propagation de sa race, montre une telle prévoyance ! une telle sagesse ! elle multiplie si bien

(1) On greffe sur un arbre adulte des rameaux provenant de celui qu'on veut étudier, et parfois l'année suivante on obtient des fleurs et des fruits. (E. Carrière, *Jardinier multiplicateur*, p. 172.)

On se sert alors de scions de l'année même, mais parfaitement aoûtés. Dans ce dernier cas, la greffe est à œil dormant, car la séve, qui n'est pas assez abondante pour exciter le développement des bourgeons, suffit encore pour souder le scion au sujet et le conserver vivant jusqu'au printemps. (Decaisne, *Horticulture*, p. 524.)

(2) La greffe en fente, avec rameaux à fruits, se fait à l'automne ; la greffe en écusson, à œil dormant, de la fin de juillet se prolonge jusqu'en septembre. (Carrière, *Jardinier multiplicateur*.)

ses moyens de production! C'est admirable, en effet, de voir un arbre en fleur; il ne pourrait même porter tous ses fruits si tous étaient noués; mais il en reste toujours assez pour continuer l'espèce, par la semence.

JACQUES. — Dans le fait, dès que la nature a reproduit l'enfant, elle ne se soucie guère du reste : et si l'homme ne songeait pas à son propre intérêt lui-même et tout le premier, il pourrait jeûner souvent; qu'en pensez-vous, monsieur?

Fig. 81. — Greffe en écusson.

LE DOCTEUR. — Je pense qu'il est libre et partant responsable! La terre est prête, riche, féconde : elle lui offre ses produits. Qu'il travaille et il aura tout! Greffons nos arbres et nous mangerons des pommes supérieures à nos pommes *de bois!*

JACQUES. — S'il suffisait d'être jardinier pour faire la pluie ou le beau temps! le chaud ou le

froid! Mais la volonté de tous les hommes réunis
ne peut pas, monsieur, vaincre le climat! empêcher la disette! A ces malheurs-là, il n'y a pas à
dire, il faut se soumettre!

Le Docteur. — Jamais! Il faut lutter sans
cesse, apprendre ce que nous ne savons pas! et le
domaine des scien-

Fig. 82. — Cerise.

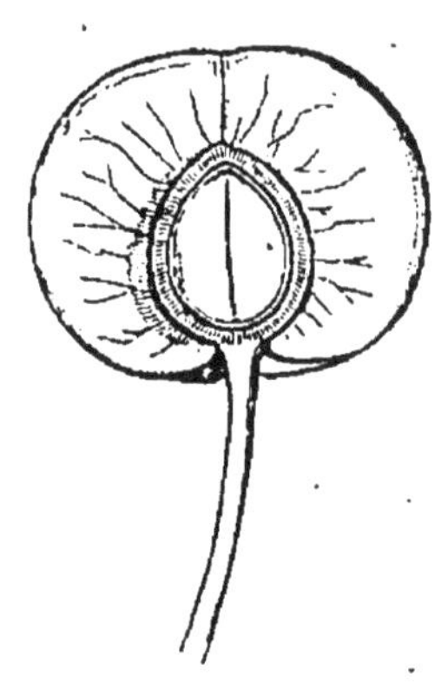

Fig. 83. — Coupe d'une Cerise.

ces usuelles est plus étendu qu'on ne pense! La
plante est si prévovante, pourquoi ne le serions-
nous pas à son exemple? Voyez de quelles précautions elle enveloppe son fruit sur tous nos
arbres!

Jacques. — Mais le fruit, monsieur, reçoit
directement tous les accidents, au contraire : les
coups de bec des oiseaux, le choc de la grêle,
et le reste! Dès la fleur il est exposé, puisque
nous convenons qu'il n'en réussit pas la moitié!

LE DOCTEUR. — C'est que nous ne nous entendons pas. Le fruit, le vrai fruit, c'est la *graine*, la *semence;* ce que nous mangeons dans les cerises ou les pommes n'en est que l'enveloppe. Aussi on distingue le *fruit simple*, composé d'un seul ovaire provenant d'un seul pistil (fig. 82 et 83), *cerise, prune, abricot*, tous les fruits à noyau par

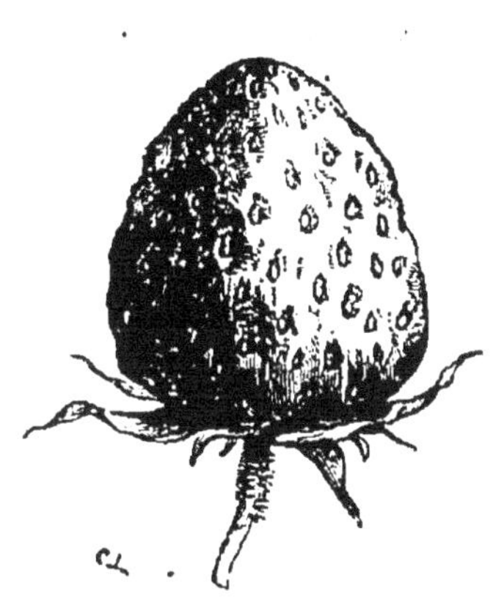

Fig. 84. — Fraise. Les petits fruits sont durs et persistent sur le réceptacle floral qui devient charnu et comestible.

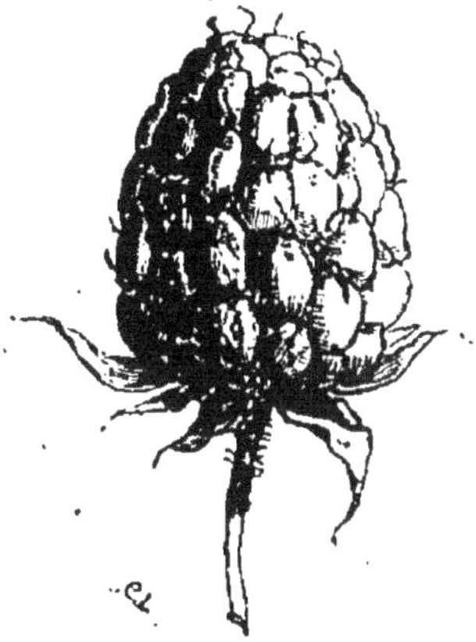

Fig. 85. — Framboise. Le fruit se compose d'un grand nombre d'ovaires, devenus charnus et comestibles.

exemple, — et le *fruit multiple*, qui provient de plusieurs pistils contenus dans une même fleur, comme la *fraise* ou la *framboise* (fig. 84 et 85). Vous seriez-vous avisé de cela (1)?

JACQUES. — Oh! ma foi non, monsieur! Un fruit qui se mange d'une simple bouchée me paraissait bien un fruit unique, celui-là! Seule-

(1) Duchartre, *Élém. de botanique*, p. 638.

ment, je me demande à quoi peut nous servir d'en faire la différence ? .

LE DOCTEUR. — A savoir ce que vous ferez, parbleu ! en semant une graine ou une autre. La fraise est une porte-graines : et les petits grains secs et durs qu'on y voit enfoncés dans les fossettes de la pulpe servent à obtenir de nouveaux pieds par semis. De même veut-on, par la greffe, souder un végétal à un autre, renouveler un vieil arbre ou civiliser un sauvageon ? Il importe encore de savoir ce qu'on fait pour ne pas imiter cet amateur qui crut obtenir des roses *vertes* en greffant un *rosier* sur un *houx*, et mit de la *vigne* sur un *noyer* pour manger de plus gros raisins (Duchartre)! Si quelques notions de botanique avaient été enseignées à ce particulier, il eût évité cette déconvenue.

JACQUES. — J'en reconnais la nécessité, monsieur, et pourtant nous autres, à la campagne, nous n'avons pas le temps de feuilleter les livres ! La bêche passe première avant la plume !

LE DOCTEUR. — Vos fils vous diront qu'on modifie les végétaux les uns par les autres lorsqu'ils appartiennent à la même famille, et pas autrement ! et dans une famille en respectant les genres, les espèces! car nos cerisiers et nos pommiers sont cousins, et portent tous des fleurs *rosacées* (voir fig. 42). Cependant, si la fantaisie nous prenait un jour de manger des cerises grosses comme des pommes et dépourvues de noyau, vous ne réussiriez pas, je vous en avertis, Jacques, à greffer un cerisier sur un pommier ! la nature maintient ses types.

JACQUES. — Pour lors, monsieur, c'est la différence des noyaux et des pepins qui empêche de greffer la cerise et la pomme ensemble?

LE DOCTEUR. — Il n'y a pas de doute! c'est le manque d'analogie. Ouvrez une cerise, mon cher ami, et vous la trouverez creusée d'*une seule* loge (1), contenant une graine fendüe en deux — de même dans la pêche, la prune, l'amande et l'abricot. Si, au contraire, vous coupez transversalement une pomme ou une poire, vous constatez dans chacun de ces fruits *cinq loges* contenant toutes au moins deux pepins. Dans les fruits charnus, la pulpe est plus ou moins épaisse, plus ou moins succulente; mais ce sont les caractères de la graine ou des graines qui servent à les classer.

JACQUES. — Oh! oui, on dit toujours les *fruits à noyau;* mais entre eux, monsieur, tous ces arbres à fruit se greffent très-bien d'une espèce à l'autre, et sans difficulté!... D'une cerise à une prune, la différence est grande, tout de même !

LE DOCTEUR. — Pas tant qu'on le croirait, mon cher ami! Des qualités communes signalent à notre attention ce groupe important, au point qu'on ne s'y trompe pas. Toutes les espèces du genre *prunus* contiennent un principe amer,

(1) Duchartre, *Élém. de botanique*, p. 646. — (V. fig. 83.)

très-vénéneux, qui se retrouve dans les feuilles, les fleurs et la graine (1), et qui n'est autre que l'acide cyanhydrique (acide prussique). — Or, comme cet acide donne instantanément la mort, il importe de le noter, surtout dans l'*amande amère* et le *laurier-cerise*.

JACQUES. — Diable ! et notre ratafia ! et le kirsch d'Allemagne, monsieur, qui se fait avec des cerises ? Il y aurait danger à en boire, selon vous ?

LE DOCTEUR. — Oh ! ces liqueurs, prises en dose raisonnable, sont inoffensives : tout dépend de la proportion. Par exemple, il ne serait pas sans inconvénient, lorsqu'on met les abricots en confitures, de laisser chaque fruit pourvu de son noyau et de le faire cuire avec le sucre ! La précaution est, du reste, bien connue, comme tant d'autres, sans lesquelles nous ne saurions ni boire ni manger. Faites fermenter des poires ou des pommes pour en tirer une boisson salubre, et vous pourrez très-bien être asphyxié pendant l'opération, si vous n'y prenez garde !

JACQUES. — Et dans bien d'autres opérations ! Mais sait-on pourquoi, monsieur, le fruit mûr entre en fermentation, soit dans le pressoir où se foule le vin, soit dans la cuve de nos boissons d'été ? De quoi donc pétille le fruit ? qu'est-ce qui l'anime et le fait mousser ? enfin qu'est-ce qui en fait le danger ?

____

(1) Decaisne, *Horticulture pratique*, p. 304.

LE DOCTEUR. — C'est le sucre, mon ami, le
sucre qui dégage par la fermentation une partie
de son charbon sous forme d'*acide carbonique* en
produisant l'alcool (esprit-de-vin). Le charbon et
l'eau servent de base à tous les tissus végétaux
et les fruits en ont leur bonne part à l'état de sucre.

JACQUES. — Je le veux bien, monsieur ; vous
nous dites toujours qu'il y a du charbon dans
tout : que le bois brûle parce qu'il contient du
charbon : que la chair des animaux nourrit celui
qui la mange à cause du charbon contenu d'abord
dans le fourrage. Mais comment ce charbon, *de
l'air*, est-il entré dans les plantes et dans les
graines?

LE DOCTEUR. — Parce que le soleil l'y a mis,
mon cher Jacques! Avez-vous oublié, par hasard,
ce grand et permanent créateur? Nos pommes,
nos poires , nos cerises qui fermentent ; notre
orge qui mousse dans la bière ; notre raisin clairet
de la Champagne qui pétille dans le bon vin,
vous chantent pourtant bien haut : « Nous ve-
nons te rendre ce qui nous a été donné : toute
force, nous l'avons reçue ! la belle et bonne chaleur mise en nous, la veux-tu boire, la voilà! par
elle, par nous, tu continueras la vie ! »

JACQUES. — Ah! le soleil, monsieur, c'est le roi
de la nature! Que deviendrions-nous sans la chaleur de ses rayons? On ne peut s'en passer.

LE DOCTEUR. — Sa chaleur et sa *lumière !*
Jacques. Oh ! la lumière solaire agit d'une ma-

nière bien directe sur la maturation des fruits!
On fait maintenant les plus belles expériences à
ce sujet, et vous-même, mon cher ami, pouvez
les vérifier sur place toute la journée. Quelle
saveur différente dans un fruit coloré par le soleil
ou dans celui qui s'est développé à l'ombre!
Comme ils emmagasinent des fécules, des sucs,
plus ou moins sucrés! Goûtez-moi à l'occasion

Fig. 86. — Coupe d'une Orange.

une *orange* de Blidah, mûrie au soleil d'Afrique,.
et vous m'en direz des nouvelles, s'il vous en
tombe sous la main! Tout votre amour du clo-
cher natal ne pourra comparer ce beau fruit
(fig. 86) à nos plus succulentes espèces de
pommes, mon brave ami!

JACQUES. — Je ne connais pas ces belles grosses
oranges sucrées; celles de Provence ne valent
pas grand'chose! et d'ailleurs, monsieur, le Midi

a bien des défauts : une poussière, paraît-il, à faire mal aux yeux : des oliviers à perte de vue ! une sécheresse pendant des cinq ou six mois !...

LE DOCTEUR. — Sachons rendre à chacun ce qui lui appartient, alors nous aurons le droit pour nous. Le pays par excellence, mon ami, est celui qui a l'eau du sol et le soleil du ciel ! L'Afrique manque d'eau ; mais si vous voulez des fruits admirables, cherchez autour d'Avignon : c'est le plus beau verger qui soit !

JACQUES. — Monsieur, pour qu'une pomme ait du suc et de la qualité, il lui faut de l'eau et encore n'en faut-il pas trop ! D'ailleurs, tout dépend des localités. En croisant vos *calvilles* avec les *reinettes*, nous avons obtenu, vous le savez, une variété presque aussi tendre que nos *court-pendus*, et celle-là, on peut le dire, c'est la reine des pommes ! En mars, on la trouve ridée, séchée... et de plus en plus fine !

LE DOCTEUR. — Eh bien ! en Normandie, ils n'en veulent pas ! la fabrication du cidre exige d'autres variétés, plus âpres. Croyez-vous pas qu'on ferait de bon *poiré* avec nos *beurrés*, nos belles *crassanes* ? Non, non, le cidre de poires, comme celui de pommes, réclame de certaines espèces. Affaire d'observation, toujours !

JACQUES. — Ces pauvres diables n'ont pas de vignes dans ces contrées froides et, à défaut de raisin, que voulez-vous, monsieur, il leur faut bien boire un jus quelconque !

LE DOCTEUR. — Je ne les plains pas : les boissons acidulées ont bien leur mérite ! Elles enivrent même un homme de la belle façon. Tout ce qui a fermenté d'ailleurs, et la bière en particulier, amène très-vite ce résultat. Mais pour en revenir à nos arbres, faites-moi le plaisir, mon cher Jacques, de me transplanter de la pépinière dans mon jardin une douzaine de vigoureux *cognassiers*. Je veux en greffer avant mon départ, — et je les trouve bien plus rustiques que les sauvageons de poirier.

JACQUES. — Ah ! pour obtenir du fruit précoce, vous avez bien raison, monsieur, il n'est tel que de greffer un poirier sur un cognassier : il reprend mieux, il est plus rustique aussi ; enfin les fruits du coing par eux-mêmes n'étant bons à rien, on a tout profit de s'en débarrasser.

LE DOCTEUR. — Vous ai-je conté l'invention nouvelle, mon ami ? Pour utiliser le *bois* du poirier, qui, vous le savez, est très-uni, très-serré, on a réussi à le teindre en noir. Il ressemble à l'ébène alors, ce qui permet de l'employer pour la marqueterie. Il est, en outre, très-recherché pour la *gravure* sur bois, à cause de sa dureté qui égale celle du *buis*, du *cormier* (1)... Ainsi voilà encore un procédé pour tirer parti de nos arbres quand ils ne nous donnent plus de fruit !

JACQUES. — Si je me décidais pourtant à abattre

(1) Ferd. Hoëfer, *Botanique pratique*, p. 573.

le vieux poirier de ma grand'mère ! La pauvre
chère femme y tenait ; mais ce n'est pas l'embarras, il s'y trouve de fameuses branches : on
en ferait de l'argent, et plutôt que de le mettre
au four...

LE DOCTEUR. — Vous le comprenez : cette industrie de la gravure sur bois prend de l'extension et se développe avec le commerce des livres. Où ne lit-on pas, Jacques? où ne lira-t-on
pas dans quelques années?... Chaque maison aura
sa petite collection de livres à images, qui feront
à la fois l'instruction et l'amusement des enfants
Oui! dans un temps prochain, j'aimerais que chaque jeune mère, chaque sœur aînée dise le soir
au petit enfant : « Vois ce livre : tu es bien content, il est à toi! qui te l'a donné? Tu y apprends
de belles histoires, tu y regardes de belles images.
— Eh bien ! c'est la tige du lin qui a fait le papier du livre; c'est le tronc d'un poirier qui a
servi à faire ces gravures, dont tu t'amuses tant !
Remercie la petite herbe et remercie le grand
arbre : sans ces bonnes plantes nous n'aurions
pas de livres, et tu ne saurais rien ! »

JACQUES. — Tant de gens n'y songent pas,
monsieur! on pourrait le dire à tout le monde,
allez! On pourrait ranimer le cœur et la pensée
par des paroles de bon sens... Il ne suffit pas de
répéter : « Dieu a créé le monde : je lui rends
grâces de sa bonté, » et puis de tourner la page,
en pensant à autre chose!

Le Docteur. — Non, mon ami, cela ne suffit pas! — La création, à chaque heure, nous enseigne la reconnaissance, et l'étude de l'univers nous amène à constater que le suprême Ouvrier est toujours l'œuvre. Aussi l'homme doit employer sa vie entière à cette étude sublime, s'il aspire à mériter le nom d'être pensant (1)!

(1) Pas plus que des fleurs, on ne doit laisser séjourner des fruits dans une chambre à coucher, non à cause de leur parfum, mais à cause de l'acide carbonique qui s'en dégage et qui peut asphyxier une personne pendant son sommeil.

CHAPITRE II

LA TABLE MISE

Le Docteur. — Sans doute! mon ami, et c'est
la merveille des merveilles. La vie, contenue dans
le fruit, se transmet indéfiniment : le grain du
blé contient en lui les moissons futures, le gland
du chêne les futures forêts. Ce n'est pas un individu isolé qui sort de la graine : elle donne naissance à un groupe, à une société. L'existence collective, *sociale*, comme on dit, nous est enseignée
par la plante : — celle-ci résiste aux causes de
ruine, parce qu'elle se base sur l'association des
forces !

Etienne. — Avec tout cela, monsieur, les espèces n'ont pas d'intentions! et si une pauvre
petite graine se ressème d'elle-même, sans qu'un
jardinier la soigne, on peut penser qu'elle est
abandonnée au hasard !

Le Docteur. — Cela dépend!! Elle a, j'en conviens, et surtout lorsqu'il s'agit d'une graine fine,
bien des chances de périr en route. Les bêtes à

poil ou à plumes la croquent d'abord très-vite —
depuis le chardonneret avide de çhanvre, jusqu'au
cheval gourmand d'avoine ; depuis l'éléphant (1)
mangeur de dattes, jusqu'à notre loriot mangeur
de cerises. — Tous les habitants de la terre ont
faim en ce monde, Étienne, et s'ils ne trouvaient
en naissant la table mise, à leur intention, les plus
robustes animaux ne vivraient pas longtemps.
Mais bien souvent une graine mangée commence
ainsi ses voyages et va porter au loin une espèce
inconnue.

ETIENNE. — M. Klein nous l'a dit à l'occasion
des oiseaux, monsieur, pour expliquer la dispersion des végétaux. C'est leur grand vol qui fait
cela, en raison de leur activité....

LE DOCTEUR. — Bien entendu, en indiquant les
voyageurs je donne la palme aux oiseaux mes
amis, comme étant les plus rapides. Certains
d'entre eux dépassent le vent en vitesse, et font
jusqu'à cinquante ou soixante lieues à l'heure (2)!
Tu vois donc qu'ils emportent à des distances
considérables leur déjeuner du matin. Et d'ailleurs les facultés germinatives d'une graine sont
quelquefois accrues, développées par ce séjour
momentané dans les organes digestifs des oiseaux :

(1) .... Dans les bois, il préfère les cocotiers, les bana-
niers, les palmiers, les sagous, la fleur de l'oranger.......
(De Buffon, *Histoire naturelle*.)

(2) « Le martinet fait jusqu'à 80 lieues par heure. Il dé-
jeune au Sénégal, dîne en Amérique. » (Michelet, *l'Oiseau*.)

les enveloppes coriaces sont ramollies (1), la végétation enfin préparée!

ETIENNE. — De sorte que, pour avoir été
mangée, cela ne lui a pas fait tort le moindrement!
Oh! pour le coup, monsieur, c'est assez drôle.

LE DOCTEUR. — Tout le monde sait que les
graines du gui sont pesantes et charnues, et ne
pourraient jamais se semer sur les arbres si les
oiseaux ne les y portaient pas. D'ailleurs, je te le
répète, l'estomac d'un oiseau ne détériore pas du
tout les grains de blé, de trèfle ou d'avoine qui y
séjournent. J'en ai fait l'expérience après avoir
disséqué un hibou qui avait mangé de petites
souris très-bien nourries de grains de blé. Tu
comprends, mon ami, que ce blé, mangé successi-
vement par deux personnes, la souris et l'oiseau,
pouvait passer pour digéré... et cependant, il a
germé très-parfaitement, dans mon jardin! ce qui
me fait maintenant attribuer à la voracité des oiseaux la propagation de telle ou telle espèce de
plantes.

ETIENNE. — Vous avez raison, monsieur, c'est
très-glouton ces animaux-là; mais tant qu'on
n'aura ressemé que des graines de nos pays, on
ne saurait affirmer pourtant qu'elles viennent de
loin?

LE DOCTEUR. — Ah! les moyens de transport
ne manquent pas, garçon, je t'assure, et les plus

---

(1) Lecoq, *Géographie botanique*, t. Ier, p. 120.

inattendus, encore ! Veux-tu que je te conte l'histoire d'un oiseau, empaillé au Canada avec une herbe du pays et qui, rapporté en Europe, nous a fait présent de la plus envahissante de nos Composées (l'érigeron canadense)? des peaux de castors venues des mêmes contrées, et emballées avec cette même plante? D'autres fois, ce sont les laines des moutons d'Australie ou de Buenos-Ayrés, qui distribuent dans nos ports les graines venues d'Amérique sur des vaisseaux. On nous apporte, mais nous exportons aussi ; et bon nombre d'espèces européennes s'en vont dans les colonies. N'oublie pas non plus les fleuves, qui charrient les semences des contrées élevées vers les pays plats...

ETIENNE. — J'aurais cru, monsieur, par exemple, que les graines une fois mouillées n'étaient plus bonnes à reproduire de nouvelles tiges?....

LE DOCTEUR. — Que dirais-tu donc, alors, mon cher, de l'émigration lointaine de certains végétaux? Songe qu'il existe de grands courants sous-marins qui apportent, à travers les mers, et jusque sur les côtes de la Norvége et de la Finlande, les fruits du nouveau monde (1) ! Les eaux jouent donc, tu le vois, un rôle immense de dispersion ; mais le grand distributeur de plantes, le grand semeur sur toute la surface du globe, c'est le vent !

ETIENNE. — Pas toutes les graines, n'est-ce

(1) Richard, *Botanique physiologique*, p. 481.

pas ? il ne peut enlever que les plus légères ? et les graines ne sont pas comme les fleurs, il n'y en a pas beaucoup qui puissent s'envoler !

LE DOCTEUR.—Voyons, Etienne, veux-tu chercher parmi les fruits de ta connaissance ceux qui sont emportés par le vent, sans ta permission et sans la mienne ?

ETIENNE. —Oh ! monsieur, je le veux bien ; et de nos côtés, il me semble... je n'en vois guère !

LE DOCTEUR. — Mon brave ami, si je te prenais au mot, si je te chargeais de ramasser, seulement dans mon jardin ! les fruits de l'*orme* qu'y apporte le vent, tu en aurais pour ta journée bien remplie ! On n'en saurait juger en cette saison : mais au printemps, un bel orme peut donner, en une seule fois ! cinq cent mille fruits (fig. 87). Les petites ailes dont cette graine est munie l'aident à s'envoler ; de même le fruit du *pin* est porté au loin par son aile unique et plus longue (fig. 88), le fruit du *tilleul*, celui de l'*érable*. Ah ! tu n'as jamais vu les graines s'envoler, mon cher Etienne ? Mais dismoi, le duvet de nos grands *peupliers* couvre la route, cependant.... les *saules* de la prairie, avec

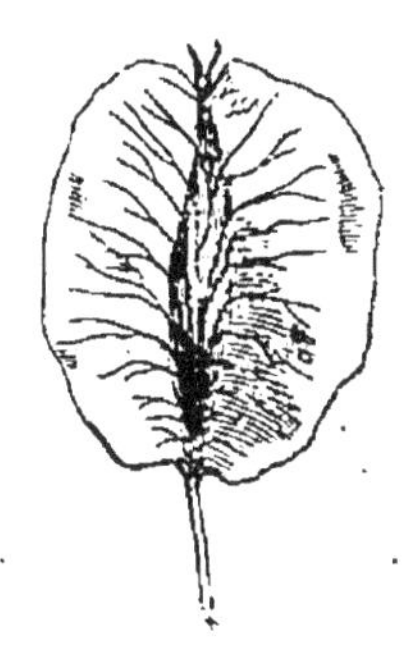

Fig. 87.—Samare de l'Orme.

Fig. 88. — Graine ailée du Pin.

la petite aigrette soyeuse de leurs graines, ont dû souvent t'amuser dans ton enfance?

ETIENNE. — Voyez donc, monsieur, comme on ne pense pas à ce qu'on voit toujours! Quoi! ce beau coton que les petits oiseaux emportent pour en doubler leurs nids? ces plumes des arbres, quasi aussi fines que celles de leurs ailes, c'est de la graine qui vole? Oh! mais pour lors, on peut le dire, il y en a des milliers de millions! Je les connaissais bien, mais je n'y prenais pas garde; ainsi tout cela, dans l'air, c'est des fruits?

LE DOCTEUR. — Sans doute : que veux-tu que ce soit? Du moment que la plante est arrivée à son état parfait, qu'elle a fleuri, le fruit existe, et se ressème pour propager la vie. Mais ce qui nous intéresse nous autres, dont le métier consiste à étudier les formes des plantes et leurs rapports avec l'univers entier, c'est la nature même de la graine et ce qui favorise sa dissémination. Tu n'auras pas de peine à admettre avec moi que les plus lourdes sont les moins mobiles, et qu'une noisette emportée par un écureuil changera de place moins vite et moins sûrement que l'aigrette d'un *pissenlit* (fig. 89), toute semblable à une plume?

ETIENNE. — Il n'est tel que l'oiseau pour voyager et n'importe! je comprends bien; la graine qui s'envole sans eux!

LE DOCTEUR. — Ne sais-tu pas bien aussi que l'écureuil peut rendre à la noisette un service d'un

autre genre? Pour la croquer, il la brise : elle lui
échappe et tombe sur le sol, toute prête à germer !

ÉTIENNE. — Comment cela, monsieur ? et com-

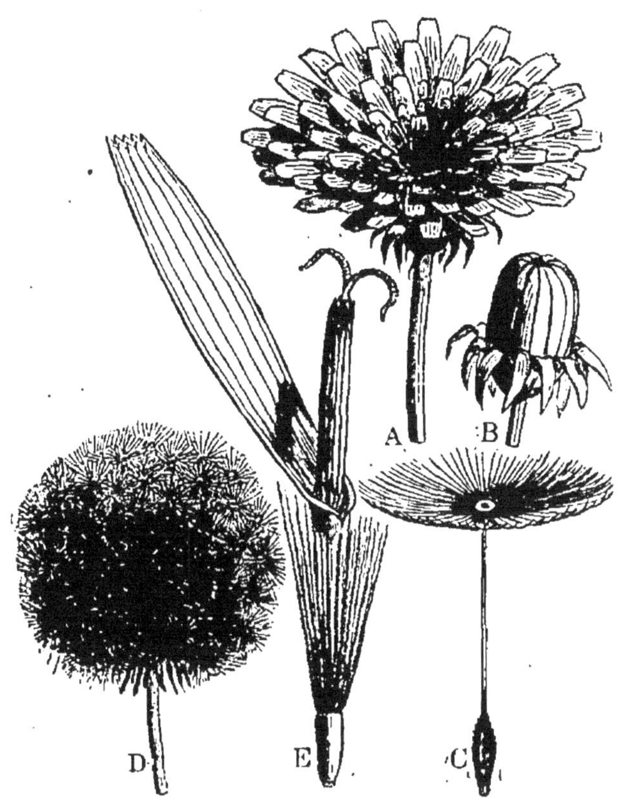

Fig. 89. — A. Inflorescence de Pissenlit. — B. Inflorescence
avant l'épanouissement des fleurs. — C. Une des fleurs.
— D. Ensemble des fruits. — E. Un des fruits : l'aigrette
s'est soulevée portée sur un pied.

ment repoussent les noisettes quand on n'est pas
là pour les casser ?

LE DOCTEUR. — Mon ami, pour donner lieu au
développement d'une plante semblable à celle sur
laquelle elle s'est formée, il faut que la graine

sorte du fruit et tombe sur le sol, où elle doit germer (1). La plupart des fruits s'ouvrent à leur maturité, pour se séparer de leurs graines. Tu n'as qu'à voir les gousses de *pois*, de *haricot* (fig. 90) et de la plupart des Légumineuses, comme elles se fendent d'elles-mêmes pour montrer leurs graines, rangées à l'intérieur. Dans le fruit de notre *tulipe* (fig. 91) des jardins, dans celui de la *giroflée*, il en est de même. Tu connais fort bien mes *balsamines*, qui lancent au loin leurs graines avec une véritable violence et qu'on ne

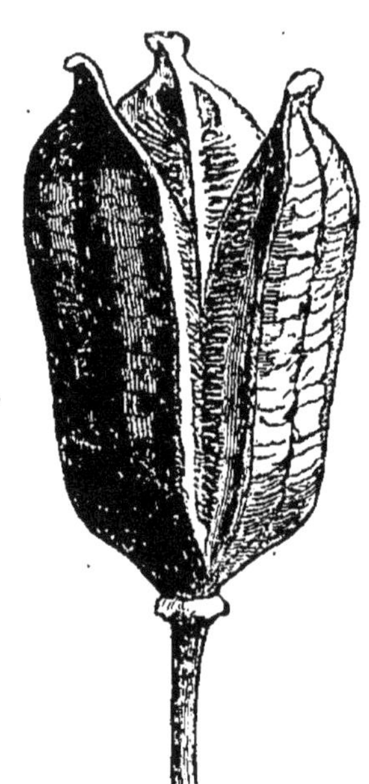

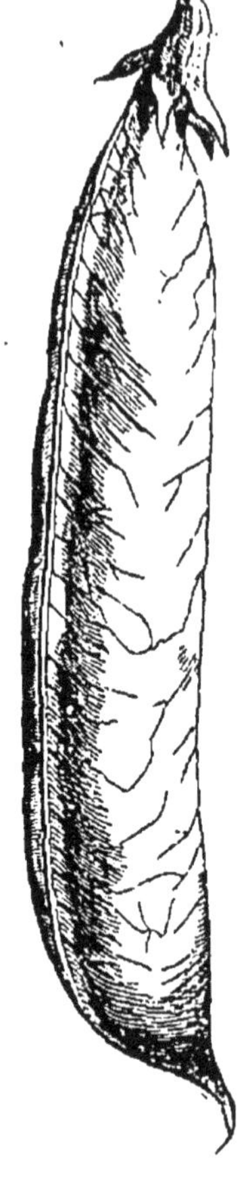

Fig. 91. — Fruit de la Tulipe.

Fig. 90. — Gousse de Haricot.

peut toucher sans de grandes précautions pour en récolter les semences. Observe, à l'occasion, le fruit du *concombre sauvage* (fig. 92), classé

(1) Duchartre, *Éléments de botanique*, p. 649.

parmi les végétaux à *fruits déhiscents*, comme on
dit, parce qu'il se débarrasse de ses graines ; et puis
compare une fois de plus l'espèce cultivée et tu
constateras les modifications acquises. Mes beaux

Fig. 92. — Concombre sauvage. Fruit lançant ses graines en se
détachant du pédoncule.

melons cantalous, qui viennent sur couche, sont
de la même famille que les *courges* et les *concombres*, et cependant ils conservent leurs graines
(fig. 93). — Comme aliments, d'ailleurs, ces fruits

ne peuvent même être comparés entre eux !

Etienne. — Je remarque encore une fameuse différence quant à la récolte des légumes, monsieur : dans l'un, on mange la graine et on ne mange que cela, comme les haricots, les lentilles ; dans l'autre on a bien soin de la jeter, vu que le fruit seul est bon !

Le Docteur. — Décidément, Etienne, tu devrais te faire jardinier et quitter l'établi ; tu y aurais du goût, mon garçon ! Cependant rappelle-toi ceci : qui dit graine, dit fruit ; et, de plus, telle fleur, tel fruit. Ou, pour mieux dire, le fruit n'est que la conséquence de la fleur.

Etienne. — Et moi qui avais compris, par contraire, que c'est la forme du grain qui décide la plante, sa qualité, son bois, enfin tout ? et que le commencement de tout germe se passe dans la terre ?

Le Docteur. — Mon fils, il n'y a ni commencement ni fin ; la graine sert de point de départ à la plante : et le fruit, qui contient le nouveau germe, est déterminé par la fleur qui l'a produit. M. Klein vous démontrera ces choses de jour en jour par ses excellentes leçons.... Profitez, sans livres au village, du bel enseignement que donnent nos champs ; rien de plus simple si l'on veut seulement regarder autour de soi et ne pas vivre en aveugles !

Etienne. — Encore faut-il qu'on nous apprenne à *voir*, monsieur ! Regarder, cela n'est pas déjà si simple... Bien souvent nous regardons, nous autres, comme si nous n'avions point d'yeux !

LE DOCTEUR. — Crois-tu, par hasard, être le seul de ton espèce, mon ami ? Crois-tu qu'on y voie plus clair à la ville ? La science qui vous appar-

Fig. 93. — Melon. Les graines restent incluses dans le fruit.

tient de toute éternité, celle qui vous revient de loin comme un héritage fidèle, est précisément la science de l'observation ; mais il vous manque la volonté de l'acquérir.

ETIENNE. — Dans tous les cas, ce n'est pas le temps qui nous manque, ni le spectacle des objets,

puisqu'on passe sa vie au milieu d'eux ! Le tout
est de se mettre à en raisonner. Comme vous
dites, le tout est de vouloir ! Mais le monde répète : « A quoi bon chercher à connaître le nom
des fleurs ? il y en a trop ! impossible de les connaître toutes ; autant vaut donc ne pas s'en
mêler. » Et cependant, à mesure qu'on sait, on
aime davantage ! Ne dirait-on pas, monsieur, que
c'est le bon Dieu lui-même qui lance avec sa main
toutes ces petites graines plumeuses pour ense-
mencer la terre ?

Le Docteur. — Hé mais, mon brave enfant,
on aurait bien tort d'en douter ; l'auteur de toute
vie distribue les éléments organiques sur le globe
entier depuis les régions polaires, où pendant
six mois il n'y a pas de nuits (1), jusqu'à l'équateur brûlant, où le jour dure toujours douze heures. Le monde végétal se crée sans cesse, se modifie, suivant les stations, les degrés de chaleur,
l'intensité de la lumière, l'étendue des continents
et des îles ; mais partout où pénètre l'animal, il y
trouve, on peut l'affirmer, une table toute servie,
plus ou moins abondante il est vrai, pour subve-
nir à ses besoins, et préparée par la divine
Bonté.

Etienne. — Oh ! sous la neige des pôles, monsieur, il faut fouiller bien profond sans doute ! et

____

(1) Si l'astre se cache quelquefois sous l'horizon, c'est
pour un laps de temps très-court. (Lecoq.)

qu'est-ce qu'on peut trouver? Pas grand'chose avec rien.... Ce n'est pas moi qui irai y voir, d'abord ! Et les graines font peut-être comme moi : elles ont peur du vent, quand il est glacé, et ne s'y risquent point. Comment font-elles aussi dans les hautes montagnes, au long des pentes élevées? C'est encore pis que les mers à passer !

LE DOCTEUR. — Les graines aigrettées franchissent des espaces considérables, à en juger par l'immense dispersion de la famille naturelle des Composées qui domine, on peut le dire, sur toute la terre, de l'équateur aux pôles. Nos *chicorées*, qui s'aventurent le plus au nord, s'élèvent même jusque sur le sommet des montagnes. Cependant tu as raison, Etienne : les petits fruits ailés ne peuvent s'envoler absolument partout ; et certaines températures s'opposent à leur dispersion.

ETIENNE. — D'ailleurs, monsieur, chaque sorte de plante doit avoir son pays de choix, et sans doute, je le suppose, celles qui n'ont point d'ailes voyagent moins que les autres !

LE DOCTEUR. — Tout naturellement : les graines qui s'en vont par eau n'ont pas besoin d'ailes, et c'est aussi pour ce motif qu'elles voyagent d'une autre façon. Mais, vois-tu, la grande affaire au point de vue botanique, c'est d'observer la graine qui se transporte dans le fruit (1) ou bien hors du fruit. Que tu mordes dans une pomme verte ou

______

(1) Fruit indéhiscent. — Fruit déhiscent.

dans une poire mûre, tu ne peux manquer, mon cher fils, d'y retrouver les pepins au complet, comme tu trouves le noyau dans les cerises, les abricots, les pêches... A quelque variété qu'appartiennent les fruits charnus, les graines qu'ils contiennent ne deviennent libres, en effet, que par la décomposition de leur enveloppe (péricarpe) (1).

ETIENNE. — Aussi, dans tous ces fruits-là, on ne mange pas la graine véritable, on l'évite au contraire avec soin, monsieur, surtout quand c'est un noyau, qui vous casse les dents!

LE DOCTEUR. — Je te dirai, mon ami, que toutes nos préférences de gourmandise n'ont rien à faire avec la science. Nous prenons notre nourriture là où nous la trouvons! Ainsi, par exemple, nous mangeons les *racines* du salsifis, les *tiges* de l'asperge, les *feuilles* du chou et les *cotylédons* du haricot. La même variété se rencontre dans nos fruits alimentaires, dont la forme varie à l'infini. Personne, en mangeant une *fraise*, ne songe à ces petits grains secs et durs, qui sont pourtant les vrais fruits! la fraise elle-même étant une tige épaissie. La *framboise*, au contraire, est composée d'un grand nombre de fruits succulents, et la partie de la tige que nous mangeons dans la fraise n'a aucun goût dans la framboise. Dans la *cerise*, nous mangeons une partie de la fleur : tandis que

(1) Decaisne, *Traité d'horticulture*, p. 99.

dans la *noix*, dans l'*amande*, tu avales sans t'en douter, Étienne, une petite plante entière avec sa racine, sa tige, ses feuilles et son bourgeon (1).

ETIENNE. — Alors.et pour ainsi dire, monsieur, nous profitons de tout, nous mangeons de tout sur la terre! Je vois cela.

LE DOCTEUR. — Non, mon enfant, détrompe-toi ! Nous ne sommes pas seuls sous le soleil ; les plantes se ressèment avec une surprenante fécondité, mais la table est mise pour tous! Lorsqu'un savant a compté jusqu'à 32,000 graines sur un pied de pavot, jusqu'à 360,000 sur un pied de tabac, il n'a pu se dissimuler que ces végétaux envahiraient en peu de temps la surface de la terre, si l'appétit de tous les êtres ne venait y mettre bon ordre. Et, par ce constant échange, la vie est équilibrée, maintenue. A nous d'en faire notre profit, à nous de savoir utiliser la production de la terre ensemencée et nous en approprier la richesse éternelle!

(1) Schleiden, *la Plante*, p. 80.

CHAPITRE III

ENCORE LE SOLEIL!

CLAUDE. — Entrez donc, monsieur! vous prendrez un verre de mon vin nouveau. C'est du vrai jus de la grappe, et à cette heure je réponds de sa qualité!

LE DOCTEUR. — Merci, mon ami, vous êtes bien honnête. Je ne prends jamais de vin qu'à mes repas. Habitude d'hygiène, autrement dit, de santé.

CLAUDE. — Pourquoi? Est-ce que cela rend malade, quelques verres par-ci par-là? On n'en meurt pas, allez! il faut que vous goûtiez notre récolte, puisque vous êtes sur votre départ.

LE DOCTEUR. — Ah! votre récolte me ferait presque regretter d'avoir arraché mes vignes! Mais voilà! une année pareille dans nos cantons se reproduit à peine tous les vingt ans! et dans l'intervalle on est ruiné! Je parierais que vous êtes de mon avis, Jacques, et qu'un de ces jours vous ferez ce que j'ai fait!

JACQUES. — Moi, monsieur? je n'en sais rien, ma foi! Il faut voir; il faut réfléchir. Dans les pays vignobles ou dans les pays à blés, on sait son affaire; mais par ici, nous avons besoin de plus de prudence, vu qu'on y fait un peu de tout.

LE DOCTEUR. — Mon ami, chaque culture a ses avantages et ses inconvénients : le tout, pour éviter les fâcheuses écoles, est de bien étudier une localité, de se rendre compte de la valeur des terrains et surtout, en fait de vignes, de leur exposition.

CLAUDE. — Si on était sûr d'éviter la gelée ou la coulure... car c'est tout l'un ou tout l'autre. Et en cas de malheur, la main-d'œuvre est perdue! On y a mis bien du temps, du fumier par des fois! et puis qu'un givre de mai vous saisisse, va te promener! toutes nos bouteilles sont cassées!

LE DOCTEUR. — Il est évident que s'il n'y avait aucun risque à courir, tout le monde se ferait vigneron, dans notre bon pays de France, pour s'enrichir à coup sûr (1). Mais là encore nos connaissances botaniques devraient entrer dans la

---

(1) En 1857, le prix brut moyen de chaque récolte d'un hectare de *vigne* a dépassé 4,000 fr., tandis que le prix de chaque hectare de *froment*, la céréale la plus chère, formant un huitième seulement de l'assolement, n'a pas atteint 600 fr., même dans les fermes qui sont en vue du camp de Châlons. (Dʳ Guyot, *Culture de la vigne*, p. 6.)

pratique. Les accidents possibles étant déterminés, on arrivera à les prévenir.

JACQUES. — Au fond, monsieur, si vous aviez foi à ce progrès-là, vous n'auriez point mis des prairies artificielles à la place de vos vignes, convenez-en !

LE DOCTEUR. — Parbleu ! je ne suis pas organisé ! C'est tout au plus, d'ailleurs, si j'obtiendrais le *labour* à la charrue dans un canton à préjugés comme le nôtre. Voyez ce que font nos voisins? Savent-ils s'il est préférable de *recéper* le vieux bois ou de choisir du *plant* nouveau? ont-ils expérimenté les différents modes de *taille?* Non ! « Un tel a de la chance, dit-on : sa vigne lui rapporte plus que la mienne! » — On ne se demande même pas pourquoi !

CLAUDE. — Puisqu'il y en a bien d'aucuns qui disent que l'ouvrier de la treizième heure récolte plus que ceux du matin !

LE DOCTEUR. — En attendant, Claude, qui veut boire de bon vin doit veiller à sa treille et lui rendre souvent visite ! — Je vous conseille de continuer à soigner la vôtre, et à mériter, par votre travail, ce que le ciel vous envoie.

JACQUES. — C'est cela même! à chacun selon ses œuvres; voilà la vraie justice! Travaillons, prenons de la peine : et notre vieille terre de Champagne, avec ses côtes crayeuses, nous remplira nos tonneaux de siècle en siècle !

LE DOCTEUR. — Il ne faudrait pas s'y fier, mon

cher Jacques! Je notais l'autre jour, avec intérêt, cette remarque d'un viticulteur instruit : « Le cépage, en réalité, domine le *cru*. » Ce qui signifie que la terre ne fait pas le vin à elle toute seule et que l'espèce de vigne qu'on y plante n'est pas indifférente à la qualité des produits.

CLAUDE. — Vous voulez dire le raisin noir ou le raisin blanc, sans doute? car, pour les inventions de tous nos fabricants de grands vins, du côté de Reims ou de Bordeaux, il y a plus de contes que de vérités! Le soleil et la terre, avec du soin de la part du vigneron, voilà ce qui fait la richesse de nos caves, à mon avis!

LE DOCTEUR. — Vous allez trop vite à juger la question, mon ami : et cependant il y a du vrai dans ce que vous dites. De tous nos fruits, les raisins sont les moins bien connus, les moins nettement désignés. On en compte un grand nombre de variétés : mais, botaniquement parlant, il n'y a qu'une seule espèce de vigne. Le *vitis vinifera* (1) est un arbrisseau ligneux, grimpant, sarmenteux, dont la culture remonte à la plus haute antiquité.

CLAUDE. — En effet, monsieur, puisque le bonhomme Noé en a bu plus que de raison, la vigne et le vin ne datent pas d'hier !

LE DOCTEUR. — Toutes les espèces de vignes, sauvages ou cultivées, et quelle que soit la gros-

(1) De la famille des Ampélidées. (Duchartre, p. 979.)

seur ou la saveur de leurs fruits, ont le même mode de floraison (fig. 94). Leurs fleurs, petites et complètes, sont disposées en grappes et portées sur des pédoncules opposés aux feuilles. Quand les fleurs avortent, les pédoncules se changent en vrille ou en main (1). Ces vrilles, opposées aux feuilles, sont propres à cette famille, et indiquent un végétal qui a besoin de beaucoup d'espace. En effet, depuis le 51e degré de latitude nord, qui est sa limite la plus avancée vers le nord, jusqu'au 25e degré sud, nous voyons la vigne se développer et prendre des aspects bien différents. Peu de végétaux sont plus vigoureux ; elle nous en donne la preuve, puisqu'elle résiste aux mutilations que nous lui faisons subir !

JACQUES. — Il le faut bien, monsieur ! Du moment que nous voyons un cep ne produire que des sarments courts et maigres, cela nous indique qu'il faut le recéper par la base ; autrement, la vigne *s'use* et ne profite plus. Mais sitôt qu'on la taille et si les racines ne sont point malades, elle se remettra à pousser dès la même année. Le premier vigneron venu vous en informera.

LE DOCTEUR. — Sans doute, Jacques, nous taillons un vieux cep pour en activer la végétation ; et d'autre part, en le taillant, nous le privons de

____

(1) De Candolle, *Flore française*, t. IV, p. 856.
Chaque vrille est une grappe métamorphosée, avec avortement des fleurs. (Duchartre, *Elém. de bot.*, p. 395.)

ses moyens d'existence ! Vous savez bien que le
végétaux respirent par leurs feuilles et par leurs

Fig. 94. — Grappe composée (Vigne).

branches, et qu'ils ne peuvent se passer de respirer, qui plus est! La séve, qui monte sans cesse
et redescend le long de la tige, appauvrit les

racines lorsqu'elle ne leur apporte pas ce qu'elle
est allée chercher en haut. Et voilà ce que nous
obtenons en taillant outre mesure nos vignes

Fig. 95. — Saules coupés en têtards. Les sommités ont été coupées
et de nombreux rameaux se sont développés sur les sections.

dont la racine s'use, nos saules dont la tige se
creuse et se détruit continuellement (fig. 95).

CLAUDE. — Mais s'il y a plus de profit cependant à les tenir coupés en têtards, si on en tire
de la branche, ou si la vigne donne plus de vin,

on ne va pas s'amuser, monsieur, à leur laisser
leurs aises....

Le Docteur. — La culture, avant tout, se base
sur l'intérêt, mon ami : et vous devez connaître
la nature des végétaux si vous voulez les gouver-
ner pour votre avantage, comme vous le faites de
votre bétail ; seulement, je vous le répète, on *sait*
qu'on abrége la vie de la vigne en réduisant ses
proportions, et on le fait de parti pris. Dans les
pays un peu froids, les vignes basses profitent de
la chaleur de la terre qui contribue à mûrir le
raisin : et dans les contrées plus chaudes, au contraire, vous ne sauriez vous faire une idée du développement que la vigne est capable d'atteindre,
si on la laisse croître en liberté, entendons-nous !

Jacques. — Il n'y a pas besoin d'aller si loin,
voyez la vigne au père Garnier qui couvre sa
maison tout entière ! Est-elle belle et verte, et
donne-t-elle de beaux raisins ! et jamais la maladie
ne la touche... Après cela, monsieur, vous me
direz peut-être que le père Garnier la soufre avec
soin, dès qu'elle commence à bourgeonner, tous
les ans !

Le Docteur. — C'est une précaution excellente :
mais les exemples de ceps gigantesques sont
nombreux. Je lisais dernièrement dans l'*Histoire
de l'Académie des sciences de Paris*, qu'un menui-
sier de Besançon possédait, en 1720, un pied de
muscat blanc tellement vigoureux, qu'il avait fallu
ajouter à la maison une galerie en bois, de 12 mè-

tres de long, pour le soutenir! Etendant ses rameaux sur les maisons voisines, cette vigne produisit, en 1751, quatre mille deux cent six grappes de raisin ! Moi-même j'ai vu dans les Basses-Alpes un cep dont les plus vieux habitants ne connaissaient point l'âge et qui produisait annuellement jusqu'à dix-huit quintaux de fruit (1). Nous pouvons donc affirmer, mes amis, que plus on laisse la vigne se développer et s'étendre, plus elle vit longtemps. Allez-vous-en visiter l'Italie, la Sicile : et vous y trouverez les vignes plantées au long des routes, suspendues aux arbres et s'élançant jusqu'à leurs cimes (fig. 96).

CLAUDE. — Ah ! le bon vin que cela doit faire ! sur des espèces sauvages et sans qualité !

LE DOCTEUR. — Détrompez-vous, mon cher Claude ; l'abondance n'empêche pas la qualité. Aux environs de Lucques, j'ai compté 60 grappes sur le même rameau ; mais n'oubliez pas que le raisin est d'autant plus riche en sucre qu'il a mûri sous un climat plus chaud! C'est là une vérité qui ne se discute pas lorsqu'on compare les vins d'Espagne à ceux du Bordelais, les vins du Languedoc à ceux de la Champagne.

JACQUES. — Claude a beau dire, je vous comprends très-bien, monsieur ! Ce qui fait la bonté d'un vin, c'est la chaleur du soleil et en même temps sa *clarté*. Il lui faut un sol rocailleux, en

____

(1) Carrière, *la Vigne*, p. 14.

Fig. 96. — Vigne serpentant autour d'un Orme.

pente et fortement soleillé encore! Puisque tout
cela est vrai chez nous, cela doit l'être aussi chez
les autres ; et les pays de soleil sont destinés
à vendanger de fines qualités : c'est tout clair.

LE DOCTEUR. — Ah ! nous y voilà, Jacques ! encore le soleil, toujours le soleil ! Evidemment il
nous faut arriver à déterminer la somme de chaleur que doit recevoir chaque plante, chaque
fruit. Selon nos chimistes, la proportion du sucre
devient de plus en plus grande pendant la maturation du fruit : tandis que les *acides*, la *fécule*, le
tannin y diminuent corrélativement (1). M. Fehling
a reconnu que le jus du raisin donnait, à l'analyse :

> le 9 août   5,4 de sucre
> le 11 septembre   10,3 —
> et le 7 octobre   12,6 —

à parfaite maturité ; et que les acides avaient
diminué à proportion. Toute la végétation est produite par l'influence du soleil, nous le savons bien :
et cette expérience nous confirme les résultats pré-
cédents. Nous ne pouvons donc pas nous étonner
que les anciens aient estimé les vins d'Egypte et de
Syrie : ni que le vin de Constance, qui se récolte à
la pointe australe de l'Afrique, soit très-célèbre de
nos jours. De tous temps les raisins de ces contrées lointaines ont emmagasiné la chaleur et la
lumière que leur versait le soleil et les ont mises
dans le vin sous forme d'alcool.

(1) Duchartre, *Elém. de bot.*, p. 648.

CLAUDE. — Ne trouvez-vous pas, monsieur, que tous vos faiseurs de chimie ressemblent à cet homme qui sonne les fêtes lorsqu'elles sont passées ! Comment ! ils s'en viennent nous apprendre que le soleil fait le sucre et la force du vin, à présent ? Une belle nouvelle ! Autant dire qu'il fait jour en plein midi : — qui est-ce qui en doute ?

LE DOCTEUR. — Comme vous y allez, Claude ! C'est au contraire une opération très-délicate de voir clair en plein jour ! de même qu'il est très-difficile d'apprendre les choses que tout le monde croit savoir. La vie universelle résulte de l'influence du soleil, et vous avez bien raison de n'en pas douter ! Cependant, la vie n'est pas uniformément répandue sur tous les points de la terre où pénètrent les rayons solaires. Pourquoi cela ? pourquoi la végétation des régions polaires est-elle si différente de celle des tropiques ? Les plantes des zones glaciales sont éclairées pendant six mois, puisque le soleil y reste six mois sans se coucher : et dans ces longs jours, ce n'est donc pas la *clarté* qui leur manque, c'est la chaleur ! Mais d'autre part, essayez, mon ami, dans de bonnes conditions thermométriques, de priver une plante de lumière, vous verrez un curieux résultat. Vous plaisantez de nos savants et, sans vous en douter, toutes les fois que vous liez vos salades, vous faites de la science, tout comme eux.

CLAUDE. — Quel rapport y a-t-il, monsieur, je

vous prie, entre mes salades, le pôle glacé et la qualité des vins du cru ?

Jacques. — Allons donc ! je parie que je devine !! Tout cela, c'est le soleil ! les endroits où il y en a, et les endroits où il n'y en a pas ; c'est le soleil qui fait verdir les salades et qui les empêche d'être *tendres !*

Le Docteur. — Sans nul doute ! la privation de lumière fait blanchir les légumes, et l'action du soleil, au contraire, les rend durs et quelquefois amers (témoins nos asperges), à cause du carbone qu'elles fixent dans leurs tissus. Il est donc bien prouvé que la *chaleur lumineuse*, comme on dit, et la *chaleur obscure* agissent d'une manière toute différente sur les végétaux, sur les tiges, sur les feuilles, qui s'endorment la nuit, sur les fleurs et enfin sur les fruits. Nos vins gagnent en qualité non-seulement dans la grappe, mais après la vendange faite : et les cultivateurs du Midi savent améliorer leurs récoltes en soumettant le précieux liquide aux rayons du soleil dans de grandes jarres transparentes... Partout, mes amis, sur tous les points du globe, où que se manifeste la vie et jusqu'au centre de la terre, nous retrouvons l'infinie puissance de l'astre qui nous éclaire, la plus directe influence de la divine sagesse. Claude se révolte à l'idée qu'on puisse nier le soleil « plus clair que le jour; » et c'est précisément pour apprécier les dons que nous tenons de lui qu'il faut accepter l'étude, observer les phénomènes et constater les résultats. — Sa flamme, avec la séve, passerait dans nos esprits, sa chaleur dans nos âmes, si nous savions adorer sa présence et les bienfaits de Dieu....

JACQUES. — Monsieur ! n'a-t-on pas adoré le soleil dans les temps passés ? Ce n'était déjà pas si fou !.....

LE DOCTEUR. — Oui, Jacques ; mais nous ne revenons pas à ce passé. Nous allons vers des temps nouveaux ! Nous rapprochons les extrémités de la terre, selon l'expression biblique. Et dans un avenir prochain, c'est à nous, terre de France, qu'il appartiendra de tendre au monde altéré la coupe de croyance et d'amour, de paix et de liberté ! Le pays du bon vin, n'en doutez pas, mes braves, sera dans peu le pays initiateur par excellence ; celui d'où se lèvera, dans sa force, l'idée féconde et fraternelle qu'y a versée le soleil !

CLAUDE. — Et combien de pauvres diables encore qui ne boivent que l'eau ? Où est-ce qu'elle est la fraternité pour ceux-là ?

LE DOCTEUR. — Vous voyez bien, mon ami, qu'elle est en vous, dans votre cœur, puisque de vous-même vous songez à vos frères ! Et la céleste harmonie vous sera de plus en plus démontrée. La lumière du soleil, distribuée sous un même ciel à tous les hommes, vous montrera la véritable égalité : — comment tous, petits et grands, jouissant de cette clarté, tous ont un droit égal à la lumière de l'esprit.

CHAPITRE IV

LES FEUILLES TOMBÉES

Et rien qu'en regardant cette vallée ami
Je redeviens enfant !
(ALFRED DE MUSSET.)

LE DOCTEUR. — Ne craignez rien, ma bonne Ursule, votre enfant est hors de danger. Les accidents ont cessé depuis plus de deux heures : le pouls se calme, la transpiration s'établit ; enfin ce sommeil réparateur va lui rendre des forces.

URSULE. — Ah ! monsieur, faut-il que le bon Dieu ait permis qu'Étienne vous rattrape au détour de la route ! Sans vous, nous étions tous perdus ! En partant, vous ne pouviez pas même savoir que nous avions mangé des champignons empoisonnés !

LE DOCTEUR. — Je ne me serais certes pas mis en voyage si j'avais soupçonné votre imprudence ; mais grâces au ciel, vous en voilà quittes pour la peur ! Et vous, ma pauvre Ursule, qui avez tant souffert, vous oubliez tout pour soigner votre fils !

URSULE. — Même cette nuit, monsieur, je pensais à lui plus qu'à moi ! Qu'est-ce qu'aurait dit le père? Je me disais : « Malheureuse! tu as empoisonné son petit Jean. »

LE DOCTEUR. — On m'attend à Paris, et je pars aujourd'hui bien à regret, car je vous laisse très-faible! Ménagez-vous, ma bonne amie : votre estomac ébranlé réclame de grands soins. Les gens de la ferme vous porteront chaque jour du bouillon. Laissez là le père Marcel et ses recettes. Que ce terrible accident vous serve de leçon, et à l'avenir, défiez-vous des champignons!

URSULE. — Seigneur! le pauvre cher homme, il l'a fait pour un bien! Mais vous avez raison, monsieur ; le mieux est de se priver de ces légumes-là. Etienne, du reste, n'en veut jamais manger; et s'il avait été là, ses sœurs n'en auraient pas mangé davantage! Oh! je le connais! il a ses idées! Il est rentré comme le mal nous prenait; en cinq minutes il a couru après vous, et cela nous a sauvé la vie!

LE DOCTEUR. — C'est ce pauvre petit diable de Jean qui a failli mourir! Etait-il malade et défiguré! Quant à Thérèse et à Madeleine, je n'ai eu aucune inquiétude. Ah! voici notre Etienne, fidèle au poste, qui se charge de ma petite valise. Merci, mon garçon. Nous allons prendre par le bois, c'est le plus court; rien ne nous presse pour l'heure du train : et nous serons à temps.

ETIENNE. — Au moins, monsieur, il n'y a plus de danger, n'est-ce pas? Dès que vous serez loin, s'ils redevenaient malades?...

LE DOCTEUR. — Sois donc tranquille! puisque je m'en vais, c'est que je peux les quitter! Sans cela je resterais! tu le sais bien.

ETIENNE. — Oh! oui, je le sais bien.

LE DOCTEUR. — Allons, ma bonne Ursule, embrassons-nous! au revoir! et faites bien ce que je vous ai dit! — Tout ira pour le mieux, Dieu aidant! — Tu le vois, mon fils! il est utile de faire étudier un peu de botanique aux enfants qui vont en classe, afin de les rendre plus prudents.

ETIENNE. — Ah! monsieur, la botanique! j'en désespère! Sait-on jamais rien avec cette science-là? Vous nous avez parlé des familles bonnes ou dangereuses : des herbes utiles ou mauvaises, des grands poisons végétaux! Eh bien, les CHAMPIGNONS, à cette heure, où faut-il les classer pour s'en défier?

LE DOCTEUR. — Les champignons ne sont pas des herbes : un instant! ne confondons pas! Ils font partie de ces plantes, privées de cotylédons, n'ayant ni étamines ni pistils, et par conséquent ne possédant pas de véritables *graines*. La nature a confié le soin de la reproduction de ces singuliers végétaux à des espèces de *bourgeons* (1). Ils forment une classe considérable; mais, vois-tu, mon ami, ne t'effraye pas de ces choses. Tous nous

(1) Les cryptogames ou acotylédones, ne possèdent pas de véritables graines, et les corps chargés de les multiplier sont généralement désignés sous le nom de spores. (Duchartre, *Elém. de bot.*, p. 818.)

vivons au milieu d'elles. Le plus simple est de les constater.

Etienne. — Il est sûr et certain, monsieur; on connaît les champignons, ce n'est pas là ce qui m'arrête. Mais les bons, comment les séparer d'avec les mauvais? voilà !

Le Docteur. — Il faut d'abord apprendre à les connaître, eux et leur histoire. Pour croître sans graines et sans racines, ils choisissent de préférence les substances organiques et végétales qui sont à l'état de fermentation (Decaisne), et leur vie se développe dans la mort : aussi ce sont de grands destructeurs. Quand les champignons s'attaquent au bois d'un navire, ils sont capables de le détruire (1). Et sans aller si loin, lorsque ta mère laisse au fond du coffre au pain une croûte humide : lorsque tes sœurs oublient du lait dans une tasse, au bout de quelques jours on retrouve le pain ou la crème couverts de *moisissure...* Tout ce qui pourrit, tout ce qui se décompose dans la nature sert de point de départ à la vie des lichens et des champignons (fig. 97), depuis l'écorce vermoulue des vieux ar-

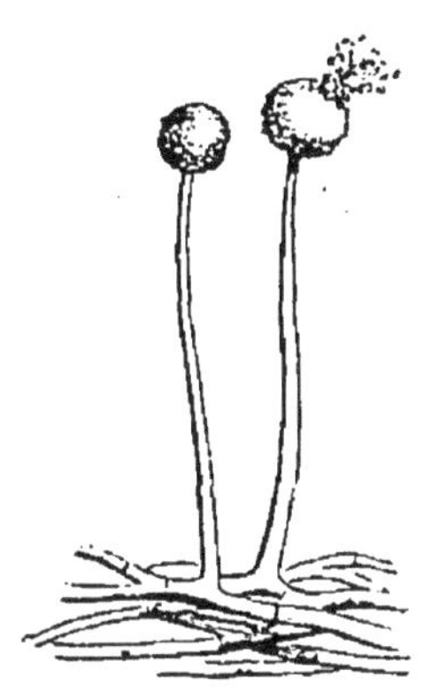

Fig. 97. — Moisissures.

____

(1) Les champignons sont un véritable fléau pour la marine. (Duchartre.)

bres jusqu'aux débris de toutes sortes que nous foulons aux pieds. Ce sont des espèces de champignons *épiphytes* qui attaquent la vigne et font périr le raisin, qui produisent le blanc de rosiers, de pêchers (Duch., p. 847).....

ETIENNE. — On dirait des plantes, selon vous, monsieur, qui poussent sur d'autres plantes?

LE DOCTEUR. — Très-souvent ! La maladie de la *pomme de terre,* c'est un champignon qui la produit : une autre espèce attaque le *grain* de nos céréales (fig. 98 et 99), une autre les *racines* de nos *luzernes*, de la *garance*, et la plupart de nos arbres fruitiers (Duchartre). Enfin d'autres espèces encore se développent sur le corps d'animaux vivants (tels que le ver à soie) et altèrent profondément la santé de l'individu aux dépens duquel ils vivent.

ETIENNE. — Cela ne m'étonne plus, alors, que des rongeurs qui ravagent comme cela la vie chez les autres soient bien nuisibles aux personnes qui les mangent !

Fig. 98. — Carie du Froment.

LE DOCTEUR. — Là n'est pas la question : car partout la mort prépare la vie : tout renaît pour mourir. Les gens sages doivent seulement s'arranger pour mourir, eux-mêmes, le plus tard possible et pour accomplir leurs devoirs ici-bas. Mais en parlant de champignons, nous voici dans le bois ; et par ici, je gage, nous allons en rencontrer plus d'un échantillon. Tiens ! précisément ! vois-tu là-bas, Etienne, cette belle *oronge* qui nous montre sur la mousse son large chapeau écarlate ? Cette espèce croît en grand nombre dans nos pays, et comme c'est un champignon exquis, le père Marcel aura voulu en faire goûter à ses voisines un plat de sa façon ! Et dans sa précipitation il a cueilli une *fausse oronge* ou deux, qui mêlées aux autres ont suffi pour déterminer les accidents de la soirée… Je m'explique ainsi notre terrible aventure.

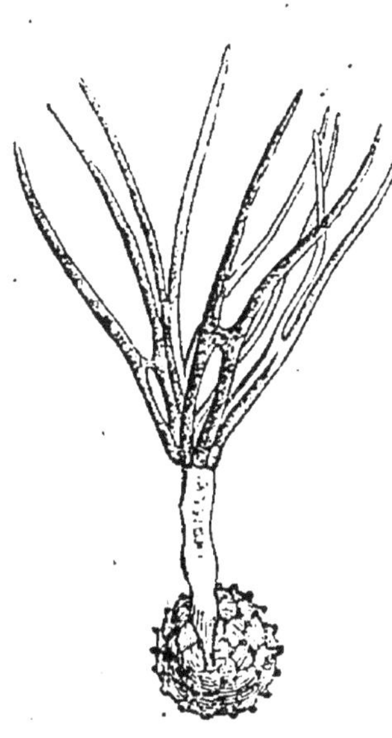

Fig. 99. — Spores de la carie du Blé en germination.

ETIENNE. — Il n'y a donc pas une grande différence entre ces espèces, monsieur, pour qu'un vieux garde comme le père Marcel, si bien au fait des choses de la forêt, puisse être trompé sur les apparences ?

Le Docteur. — Que veux-tu ! il doit s'y connaitre, mais il a confondu : c'est un malheur ! la véritable oronge a des feuillets d'un jaune doré, tandis que la fausse les a d'un blanc d'ivoire, et surtout son chapeau, qui est rouge aussi, est relevé

Fig. 100. — Champignons.

de nombreuses mouchetures blanches (Lecoq). Il serait plus sage de se priver d'un mets qui peut occasionner la mort de toute une famille.

Étienne. — Ah ! je le crois, par exemple ! Et si jamais on recommence à la maison....

Le Docteur. — A tout le moins doit-on prendre les précautions que nous indique Fred. Gérard. « Le principe nuisible que contiennent ces végétaux étant soluble dans le vinaigre et dans l'eau salée, le procédé imaginé par ce naturaliste consiste à mettre 500 grammes de champignons, coupés en morceaux, dans un litre d'eau, additionné de deux à trois cuillerées de vinaigre et de deux cuillerées de sel de cuisine. Après une macération de deux heures dans ce liquide, on lave à plusieurs eaux ; et l'on met enfin les champignons dans de l'eau froide, qu'on chauffe jusqu'à la faire bouillir pendant une demi-heure (Duchartre). » Cette préparation précède tout autre assaisonnement. Ce qui n'empêche l'*agaric comestible* (fig. 100) d'offrir encore bien plus de sécurité que tous les autres champignons.

Etienne. — Est-ce qu'on appelle agarics tous ceux qu'on peut manger sans crainte ?

Le Docteur. — Pas du tout, mon ami ! Les *agarics* portent à l'intérieur du chapeau un nombre considérable de lames libres qui rayonnent du centre à la circonférence ; et les *bolets*, au contraire, sont doublés de tubes. Voilà la différence ! Mais il y a des bolets comestibles et des bolets pernicieux — les chairs de ces derniers bleuissent dès qu'elles sont froissées. Elles ont souvent les couleurs les plus éclatantes. Il faut tout admirer et bien se garder en même temps de faire sa nourriture d'un végétal, quel qu'il soit !

lorsqu'on en ignore les propriétés : car il se trouve parmi les agarics et parmi les bolets des espèces fort bonnes à manger ; le tout est de les distinguer !

ÉTIENNE. — C'est égal ! monsieur ; je persiste dans mon opinion : la terre est trop grande et il y a trop de choses dessus pour qu'on arrive jamais à tout connaître !

LE DOCTEUR. — Hé ! mon garçon, vas-tu pas perdre courage au début de la vie ? Tu as du temps devant toi ! Je t'enverrai des livres cet hiver ; et tu verras avec surprise que les eaux de la mer cachent un monde végétal tout différent du nôtre : voilà qui est intéressant !

ÉTIENNE. — Et je vous prie, monsieur, comment peut-on le savoir ? C'est trop profond, la mer, pour qu'on y aille chercher.

LE DOCTEUR. — D'abord on a ramassé des espèces d'*algues* sur les côtes où le flot les dépose : et, de tout temps, des populations entières de pêcheurs se sont chauffées avec des *varechs* séchés. Sur les bords de l'Océan, les rochers découverts par la marée laissent même récolter deux fois par année (fig. 101) un *varech vésiculeux* qui sert à fumer les terres ou à faire la soude (1) qu'on utilise dans plusieurs industries. Ensuite, tu peux te persuader que les navigateurs observent sans cesse la surface de la mer et ce qui s'y passe ! Christophe Colomb, en naviguant à

---

(1) De Candolle, *Flore française*, t. II, p. 20.

l'ouest pour retrouver l'Asie, — ce qui, par paren-
thèse, lui fit découvrir l'Amérique sans la chercher, — se jeta dans une sorte de prairie flottante

Fig. 101. — Fucus vésiculeux.

composée d'herbes marines, que des ampoules
remplies d'air maintiennent à la surface. Cette
mer de *sargasses* occupe, au milieu de l'Océan, un

espace de 40,000 milles carrés (1). Juge donc ce que ces prairies contiennent d'algues épaisses et serrées ! Ailleurs, dans d'autres parages, on a cru constater que la mer *Rouge* doit son nom à la coloration que lui donne une algue microscopique (2) (fig. 102).

ÉTIENNE. — Mais j'y pense, monsieur, si nos mers sont peuplées d'herbes, cela doit faire des masses de plantes, car M. Klein assure qu'il y a sur le globe trois fois plus d'eau que de terre (3).

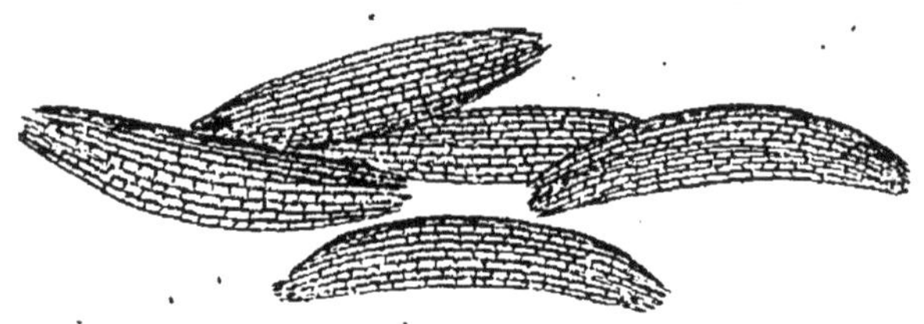

Fig. 102. — Trichodesmies d'Erhenberg très-grossies.

Ce qui m'étonne, c'est que des plantes puissent vivre dans de l'eau salée.

LE DOCTEUR. — Et que diras-tu, mon ami, si je t'apprends que ces végétaux marins ont des limites géographiques précises et varient selon les latitudes ! De plus, les profondeurs sont peuplées comme la surface. De l'océan Glacial à la mer des

(1) Bocquillon, *Vie des Plantes*, p. 4.

(2) Freycinet parle d'une petite plante dont il faut 40,000 individus pour occuper l'espace d'un millimètre carré ; l'eau de la mer en était colorée en rouge à une grande profondeur et sur une étendue de 60 millions de milles carrés. (Schleiden, *la Plante.*)

(3) Maury, *Géographie physique.*

Indes nos voyageurs découvrent les merveilles de
l'abîme : ils en rapportent des plantes, des animaux de formes bizarres, de couleurs inouïes !..

ETIENNE. — Comment, monsieur, il y a des bêtes
sous l'eau autres que des baleines et des poissons?

LE DOCTEUR. — Ah! je t'en réponds! des bêtes
et des forêts! un véritable monde enchanté, si les
récits des pêcheurs de perles et des plongeurs
sont exacts. Ce ne sont plus des herbes micros-
copiques qui se cachent dans les profondeurs,
mais bien de véritables arbres, d'immenses ru-
bans flottants de plus de dix mètres de longueur!
les amples feuillages de la *laitue de mer*, étalés
sur des tapis de mousses veloutées : enfin les
grandes espèces de *fucus*, tels que le *fucus sucré*,
le *fucus des moutons*, qui jouent un grand rôle
dans l'alimentation des bêtes à cornes de l'Islande; et le *fucus porte-poire*, dont la tige unique
et gigantesque atteint et dépasse *cent cinquante*
et *deux cents* mètres de longueur (1)! On court
des dangers à ce métier de chercheur sous-marin,
mais on est bien récompensé, je t'assure!

ETIENNE. — En voilà des récoltes que je ne
voudrais pas faire! Non, monsieur, non, j'aime
mieux le plancher des vaches, et mon pays vaut
tous ces pays-là! J'y suis, j'y reste!

LE DOCTEUR. — Pour toi, mon cher Étienne,
l'idée te viendrait-elle de te faire matelot, que tu

____

(1) Schleiden, *la Plante et sa Vie*, Schultz, 1859, p. 139.

n'as pas le choix : ta place est à la maison, où ta mère a besoin de toi. Mais sans quitter son village, on peut y voir de belles choses. Je n'y reviens jamais sans joie! je ne le quitte jamais sans chagrin ! Allons! jusqu'à l'an prochain! il faut dire adieu à tout cela! Crois-tu pas qu'à Paris nous ayons, au milieu de nos rues, un chêne tel que celui-ci? Oh! que non pas! Assieds-toi un moment, mon fils ; ma valise doit peser sur tes épaules.

ÉTIENNE. — C'est l'arbre au père Marcel, comme il dit, ce vieux fou-là! Ah! quand'je lui pardonnerai son indigestion de champignons, il fera jour à minuit et nous verrons les étoiles en plein midi.

LE DOCTEUR. — Tu ferais mieux de t'en prendre à l'ignorance universelle et de respecter le vieux garde, Étienne; ce n'est pas sa faute si, dans sa jeunesse, on n'enseignait pas la nature. D'ailleurs il l'aime à sa façon. Tant de gens, qui se croient civilisés, ne sont nullement impressionnés par le spectacle grandiose de la création! Le père Marcel, au contraire, est très-heureux dans le bois, et la preuve est qu'il y passe sa vie. Il admire les arbres ; il connaît leurs aspects, leurs bruits particuliers, de même qu'il signale, à son passage dans l'herbe, un lapin d'un lézard...

ÉTIENNE. — C'est égal, monsieur ! un homme qui nie la science ne deviendra jamais un naturaliste.

LE DOCTEUR. — Sans doute ! tu as raison ! il
est indispensable de concilier une certaine culture d'esprit avec des habitudes de vie errante :
car ceux qui s'occupent d'art ou de science dans
leur cabinet sont encore, sous bien des points, à
côté de la vérité ! Un peintre de paysage ne peut
se borner à copier dans des musées ; un amant
de la nature, artiste et savant, doit la contempler
dans la solitude — c'est là qu'elle se révèle à ceux
qui l'aiment ! Cependant, j'en conviens, il ne suffit pas d'aimer : il faut connaître ! et la connaissance s'acquiert par la patiente recherche. La
beauté de ce chêne résulte précisément de l'harmonie de ses proportions. Il est beau parce qu'il
est fort ; il est fort parce qu'il a monté vers la lumière ! et c'est l'emploi de toutes ses facultés
qui a développé sa cime, étendu ses branches,
enfin complété son être ! Vois ces humbles
mousses au contraire, à nos pieds, cachées sous
l'épaisseur des feuilles tombées que la dépouille
du bois amoncelle... Ces petites plantes aiment
les lieux humides et ombragés ; elles croissent à
terre, sur le tronc des arbres, sur les vieux murs
ou sur les vieilles maisons. Leur organisation,
comme celle de tous les autres cryptogames dont
nous parlions tout à l'heure (fig. 103), diffère absolument de celle des végétaux *cotylédonés;* et
ce tapis frais et vert nous plaît surtout parce qu'il
n'a pas été brûlé par le soleil, dont il n'a pas besoin ! C'est l'ombre élevée du grand chêne qui

abrite et protége la mousse ; c'est la mousse

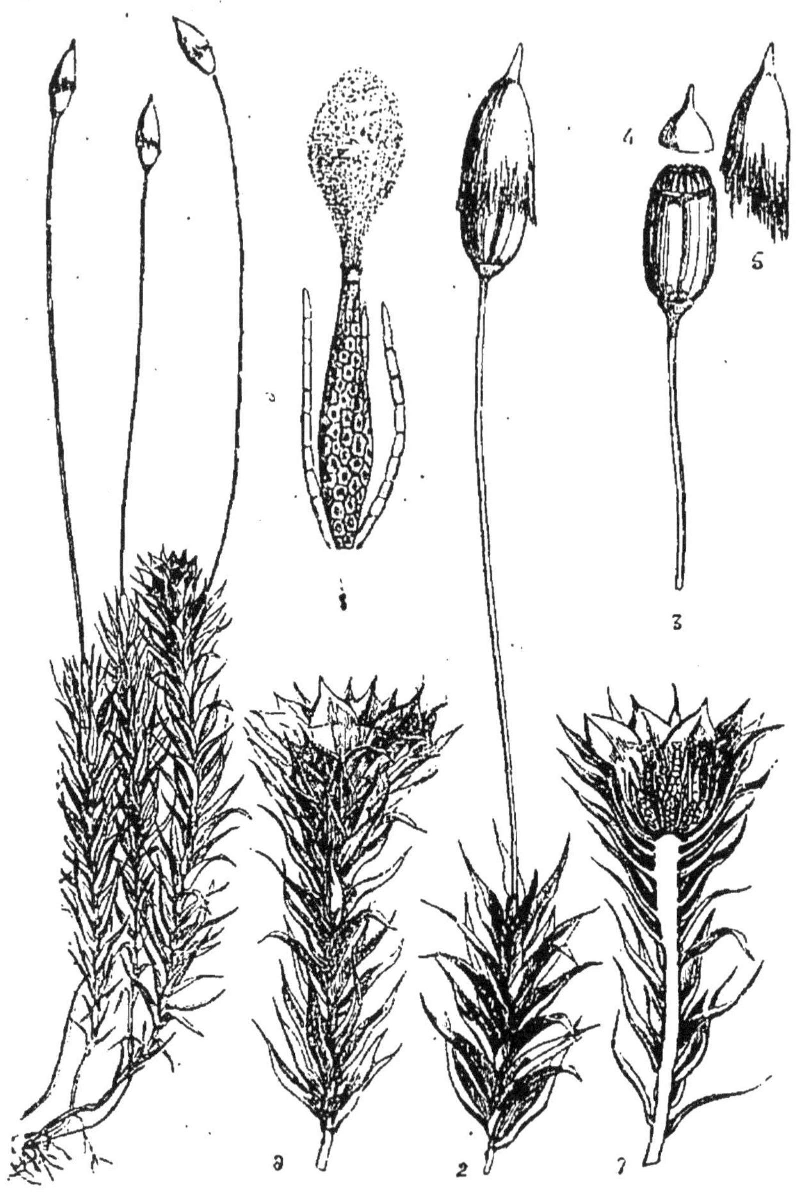

Fig. 103. — Polytric.

qui maintient au pied de l'arbre géant l'humi-

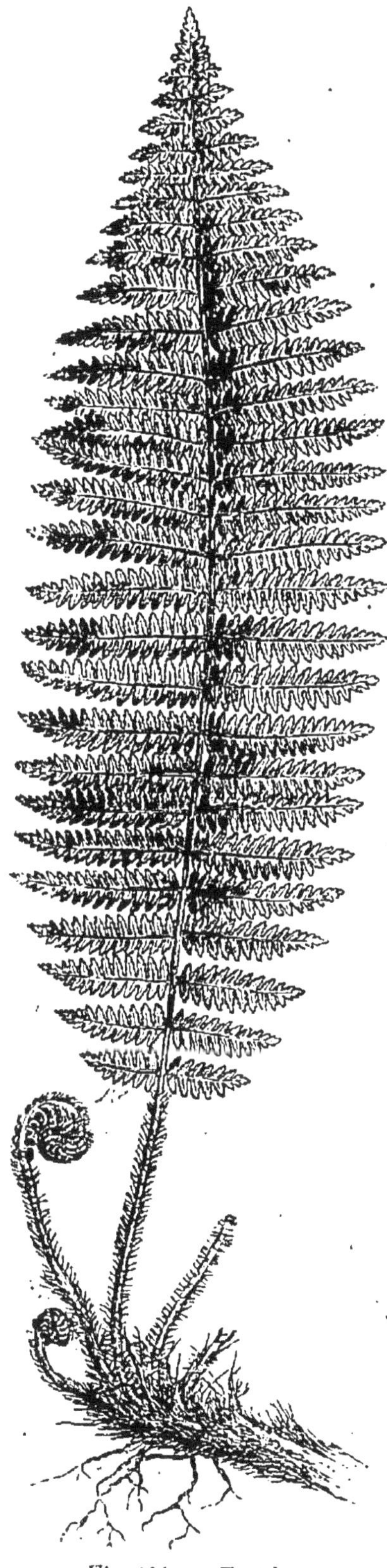

dité de la pluie, distribuée par ses branches autour de lui. Tu le sens, mon cher fils, la connaissance des vérités scientifi-ques produit en nous des réflexions de plus en plus ad-miratives, et nous fait, en quelque sorte, apprécier et comprendre la source de toute beauté.

ÉTIENNE. — Et qu'est-ce que nous allons devenir quand vous ne se-rez plus là, mon-sieur, pour nous le dire?

LE DOCTEUR. — Tu feras comme toujours, mon ami : tu travailleras pour imiter la terre qui prépare en ce mo-ment même, dans son sein fécond,

.nos nouvelles feuilles, nos nouvelles moissons.
Pendant que nous nous attristons, que nous faisons nos adieux à la verdure, déjà le jour de la renaissance a sonné, le Noël de la Terre! Sans repos ni trêve la plante refait le monde, tu le sais bien! nous l'avons dit tant de fois! Chaque arbre, par ses bourgeons revêtus de leurs écailles imbriquées, prépare pour les beaux jours de vigoureux et verts rameaux. Et le jeune rameau à son tour sera « comme un petit arbre, » selon la parole du vieil Hippocrate. Le divin amour distribue partout les germes de la vie... différents et semblables. Le chêne sort du gland dans le bois et cherche la lumière du soleil; l'algue mârine la fuit au fond des eaux; chaque créature ainsi travaille à l'unité de l'œuvre et *doit* y travailler! Mais si tu es reposé, mon ami, reprends mon sac et partons! Le train n'attend pas!

Etienne. — Pour lors, à votre idée, monsieur, de certaines plantes choisissent l'ombre, et le grand jour leur fait peur ?.....

Le Docteur. — Et lorsque je te raconterai plus tard l'histoire des *fougères* (fig. 104) de nos forêts primitives, tu seras encore bien plus étonné!.....

FIN

TABLE DES MATIÈRES

TABLE DES GRAVURES

———

9 782013 440424